TED
1小时科普
给孩子的世界启蒙书
One Hour of Science Popularization

# 为恐龙正名

Why
Dinosaurs
Matter

[美] 肯尼斯·拉克维拉 / 著
（Kenneth Lacovara）

迈克·莱曼斯基 / 插画
（Mike Lemanski）

吴林 等 / 译

中信出版集团 | 北京

**图书在版编目（CIP）数据**

为恐龙正名 /（美）肯尼斯·拉克维拉著；吴林等译. -- 北京：中信出版社，2021.4

（TED1 小时科普：给孩子的世界启蒙书）

书名原文：Why Dinosaurs Matter

ISBN 978-7-5217-2501-8

Ⅰ.①为…　Ⅱ.①肯…②吴…　Ⅲ.①古生物—普及读物　Ⅳ.① Q91-49

中国版本图书馆 CIP 数据核字（2020）第 236726 号

*TED1 小时科普：给孩子的世界启蒙书*
**为恐龙正名**

著　　者：〔美〕肯尼斯·拉克维拉
译　　者：吴林 等
插　　画：迈克·莱曼斯基（Mike Lemanski）
出版发行：中信出版集团股份有限公司
　　　　　（北京市朝阳区惠新东街甲 4 号富盛大厦 2 座　邮编　100029）
承　印　者：北京诚信伟业印刷有限公司

开　　本：787mm×1092mm　1/32　　　总 印 张：30　　　总 字 数：459 千字
版　　次：2021 年 4 月第 1 版　　　印　　次：2021 年 4 月第 1 次印刷
京权图字：01-2019-6901
书　　号：ISBN 978-7-5217-2501-8
定　　价：168.00 元（全 5 册）

版权所有·侵权必究
如有印刷、装订问题，本公司负责调换。
服务热线：400-600-8099
投稿邮箱：author@citicpub.com

献给琼

能与你共度哪怕如此短暂的时间，

我已幸运至极

· ·

# 目 录

CONTENTS

# 为恐龙正名

阿尔伯特·爱因斯坦是个彻头彻尾的失败者。他的名字应该是"陈腐过时"的代名词。一提到这个名字，大家就应该把它和"冥顽不化"联系起来。当然，他给科学带来了革命，构建了我们理解宇宙的现代框架，并且完全改变了我们对于空间和时间的看法。他于 1921 年获得诺贝尔奖，被《时代》周刊评为"世纪人物"，并且获得了牛津大学、普林斯顿大学以及哈佛大学的荣誉博士学位。他所发现的物理学定律，帮助后人发明了卫星定位系统、数码相机、烟雾探测器、防盗报警装置、移动电话，以及其他无数的电子产品。若不是由于爱因斯坦在 1905 年 3 月撰写的论文中提出了"光量子假说"，打破了当时的既有信条，奠定了现代物理学的基础，计算机以及半导体等发明就不可能出现。仅仅几个月之后，爱因斯坦就证明了原子的存在，让这个由来已久的争论中另一个阵营的人彻底闭了嘴。可以说，要不是因为爱因斯坦的科学发现，我们眼中的现代化就不会是今天的样子，或者说，现代化会迟到许久。

然而，如今爱因斯坦在哪儿呢？去世了，他去了另一个世界。虽然他智力超群，能够改变或者颠覆我们对宇宙的认识，他出类拔萃的成就也改善了后世每个人的生活，然而爱因斯坦本人，最后还是死了。一个灾难性的事故降临在这位最为卓然超群且成功的人身上——腹主动脉瘤。由于无法适应自己体内突然改变的生理状况，他在

76 岁那年辞世。他是因为体内血管状况的严重恶化而去世的。爱因斯坦已经去世，已经向自然规律屈服，已经在人世消失，因此，现在透过历史的透镜，我们完全可以得出一个结论：爱因斯坦的遗产就是留给我们的一个忠告，它告诫我们要对无法适应变革的情况保持戒心，并且，人最终都会变得守旧，不合时宜。他去世了，在他生命的最后一刻，毫无疑问是个失败者。

可笑滑稽的妄言！当然是的。如果我们断言，阿尔伯特·爱因斯坦的崇高成就，会因为他自己未能长生不老而有所贬损，这将是极其荒诞的。虽然爱因斯坦的一生都处在人类认知的前沿，光彩照人，但他人生的最后一步却是我们每个人都必然要走的：一脚踏过去，迈过生命的门槛，消亡寂灭。爱因斯坦是个伟人，但仍然只是人——人类的一分子、智人的一分子，每个这样的人都只能在这世上存在很短的时间，然后死去。人类都会死去。玛丽·居里、本杰明·富兰克林、查尔斯·达尔文，他们都没有因为最终归于混沌无序并死去而变得不那么伟大。路易斯·阿姆斯特朗[①]永远都是爵士乐的发明者，虽然他再也不会吹响他的小号。尼尔·阿姆斯特朗的"人类的一大步"也无法重新迈出，但他在月球上留下的令世人难以忘怀的脚印，会永远留在月球表面，留在世人的心目中，只要月球存在，他的不朽功绩所留下的痕迹便会长存。若是有人提出相反的观点——如我开篇所示范的，实乃荒谬绝伦。好了，既然我们已经清楚本文最初的推理有着深刻的缺陷，我想提出另外一个问题：我们为什么要用同样愚蠢的论点来贬损恐龙的遗产？为什么"恐龙"这个词经常被用作贬义词，描述过时的东西？恐龙是如何变成"无法适应不断变化的环境"的代名词的？为什么恐龙是与失败联系最紧密的一种动物？

---

① 一般音译为"路易"，但据 BBC（英国广播公司）一节目考证，他本人喜欢叫自己"路易斯"。——译者注

对恐龙名声的诋毁不仅存在于口头表达，在正规的英语中也有这种贬低的含义。这些说法已经被词典编纂者搜集起来，变成正规用法，并且经过排版印刷，进入了所有的主要英语词典。打开《韦氏词典》，你会发现"恐龙"这个词的意思是"大得不切实际、过时或陈旧的东西"；[1]查阅《剑桥词典》，你会了解到"恐龙"是"一种古老的东西，在环境发生变化时无法随之改变，因此不再有用"；[2]打开英语词典的"老祖宗"——《牛津英语大词典》，你会发现有确凿的证据表明，"恐龙"这个词可以很恰当地用来指代"未能适应不断变化的环境的人或物"。[3]

有这么多权威词典的解释对恐龙不利，难怪恐龙的遗产经常陷在隐喻的泥沼中。我可以在一本书里从头到尾都使用对恐龙有贬低意义的表达。下面是一些简单的例子：某个新闻标题写道，IBM（国际商业机器公司）公司是一个"被公众视作恐龙的 IT 巨头"；以及，"英特尔：即将灭绝的恐龙？"一个投资网站援引《华尔街日报》的评论说："两大政党都被视为恐龙——不适应时代和挑战的过时的机构。"[4] 对于这一切，我要说：满口胡言！要真能像恐龙那样，它们其实都求之不得呢。

试想，有哪位首席执行官不会幻想自己的公司占据全球主导地位，且能持续一整个地质时代？有哪位董事会主席，不会渴望自己的公司像恐龙这个物种一样，在全球范围内实现爆发性增长，分化出数千个成功的分支，征服一个又一个大陆？又有哪个研发部门的主管不会陶醉于本部门的技术开发在速度、规模、动力和多功能性上能复制恐龙的空前壮举？恐龙突破了生理极限，打破了一个又一个纪录，无论以何种标准来衡量，它们都是成功的典范。从整体上看，如果我们了解一下恐龙惊人的适应能力，比如巨大的体型，毁灭性的力量，华丽的羽毛，锋利的牙齿和奇异的脊椎、骨板、角以及腿骨，便不会因公众对这些神奇的生物如此着迷而感到惊讶。应该令人惊讶的是，我们对于恐龙的评价，竟然呈现出两个极端。这些适应性如此之强的动物，几乎是地球历史上最成功的大型陆地动物群体，是如何被贴上"典型的史前失败者"这一标签的？

对恐龙最致命的误解是：除了鸟类（稍后会详细地谈及它们），其余的都灭绝了，这表明它们无法适应不断变化的环境。直到十几年前，这个想法似乎还是正确的。如果它们不是那么愚笨、迟缓、呆滞、笨重，也许还能存活下来，并牢牢霸占着曾经属于它们的领地。但是它们不够好，不够聪明，不像我们的体型渺小的祖先那样善于适应和调整。最后，它们活不下去了，而生物界更优秀的物种上升到了顶层。哺乳动物接管了地球，然后就有了我们——聪明伶俐的灵长类动物统治了地球。这就是我们的叙事。

几十年来，人们一直被灌输着大量类似的错误观念，不难看出，公众是如何把这些高贵而又极其成功的生物视为失败者的：恐龙在进化史和化石记录中，就像 VHS 录像带、中生代[5]的德洛伦人、沃尔沃斯公司那样。在 1980 年以前，没有人知道恐龙遭遇了什么。它们在地球上生活了1.65 亿年，然后——噗！它们不见了，就好像吹了口气，然后就没了。或许吧，不过也许是在一场更戏剧性的事件之后。对此人们提出了很多莫名其妙的理论：恐龙流行病导致它们死光了；狡猾的哺乳动物把所有的恐龙蛋都吃光了；如果恐龙胚胎的性别取决于温度（我们没有理由这样认为），也许是因为气候变冷导致它们生不出雄性，又或者是因为气候变暖导致它们生不出雌性；它们的壳变得太薄了；毛毛虫吃光了它们所有的食物；也许某颗超新星的辐射把它们都弄死了；也许所有富含纤维的植物都灭绝了，导致它们死于便秘；也许只是因为它们太笨了，活不下去。

如果你出生在 1990 年，这些大抵就是你童年会听到的恐龙小故事。各种儿童读物、电视节目和电影，都在向我们的潜意识灌输一个观念——恐龙是失败者，它们因为太过愚笨而走向灭绝。沃尔特·迪士尼在他 1940 年的经典动画电影《幻想曲》中，用精美绝伦的画面再次呈现了这个悲伤的故事。他在讲述自然历史的时候，以伊戈尔·斯特拉文斯基的《春之祭》为背景，这首曲子有着强烈的原始感，其情节如海浪拍岸一般富有冲击力，配合出人意料的尖叫和哭泣——对于达尔文进化论所描述的适者生存的世界来说，这是绝妙的配音。该影片以激烈动荡的地球起源为开端，从可爱又漂亮的单细胞生命的诞生一直讲述到恐龙灭绝。迪士尼最初的想法是将这个故事继续讲述下去，一直讲到人类进化，后来，为了避免激怒神创论者，放弃了这一计划。[6]

迪士尼讲述的地球历史故事，受到了 20 世纪 30 年代科学界顶尖人物的影响，其中包括知名古生物学家罗伊·查普曼·安德鲁斯和巴纳姆·布朗、生物学家朱利安·赫胥黎，以及天文学家爱德文·哈勃。这是一部顶级的电影，即使是在 80 年后的今天看来，这部影片也十分前卫。当然，影片高潮部分的雷克斯暴龙与剑龙的生死对决片段，也成了经典。（不过，不要介意雷克斯暴龙和剑龙相隔的时间比你和雷克斯暴龙相隔的时间还要久远。）"不要把它们塑造成可爱的动物，"迪士尼提醒他的动画制作人，"它们的大脑有点小，你懂的，把它们做得真实一点。"[7] 最后呈现出来的恐龙的确够真实，是当时全世界最为写实的恐龙模型。《幻想曲》中以《春之祭》为背景的场景让观众不寒而栗，堪称当时的《侏罗纪公园》。

迪士尼为它的自然历史故事准备了一部忧郁的片尾曲，这是恐龙灭绝的安魂曲。气候变化似乎已然发生。我们被情节所带动，对看到的一切深信不疑：火山不断向空中喷发岩浆，浓烟破坏了白垩纪[8] 的生态环境。炎炎烈日下，植物枯萎，水分蒸发，大地变得干燥，尘土漫天飞扬。四处寻找水源的恐龙拖着缓慢而沉重的步伐，如同行尸走肉一般，穿行在可怕的景象里。它们在一处枯竭的水源前，无力地用爪子刨着，用鼻子嗅着，但始终没有水出现。在穿过一片龟裂的干涸湖底时，它们终于一个接一个因脱水而倒毙。或许是受限于过小的大脑和懒惰的天性，恐龙无法适应周围变化的环境，最终走向了灭绝。在迪士尼影片的结尾，四只恐龙向前方跋涉，走向灭亡，尘土遮没了它们。镜头扫过炽热的太阳，定格在橘红色的炙热天空，最后渐隐入一片黑暗，白垩纪至此结束。尽管迪士尼没能讲完最后一章，情节也终结于此，但不难看出其中的暗示：恐龙因无法适应环境灭绝后，一个新的世纪就此来临，等待着我们当之无愧的英雄祖先——哺乳动物的出现。

就此而言，在成千上万种不同的说法中，在我们的想象中，恐龙早已被烙上了能力严重不足的标签。这种史前巨型失败动物没有什么值得我们学习的地方，除了以下几点：千万别和恐龙一样，不要变成失败者，不要变成无能之人，不能变得陈腐过时。与此同时，恐龙曾经在漫长历史长河中拥有过的辉煌时期也有了不同的含义。那些曾经在黑暗中，在恐龙世界不起眼的角落里瑟瑟发抖、挤作一团的小毛球们（哺乳动物）成长起来，给曾经的统治者贴上了蠢笨的标签。这个标签一旦贴上就没再揭下来。但是挂在恐龙脖子上的这种不当的嘲讽标签，恰恰反衬出了我们的失败，而非恐龙自己的失败。这种失败体现在我们长期以来一直无法破译出恐龙灭绝的真相。

对于人类而言，地质学是一门全新的科学。我们就像一群初学读书的小孩子，撬开了化石记录，用外行人的眼睛，看着一堆堆令人困惑的陌生文字符号——看起来就像刻在石头上的一锅"字母汤"。后来，我们认识到恐龙是与其他动物不同的一个独立的物种，此时的我们已经能够破译化石里的部分语句，掌握地球历史的主要历程。但是，地球故事里存在的一些细微的情节还是超出了我们的理解范畴。恐龙曾经出现过，又消失了，这一点我们能看出来。但是它们为何消失始终是一个谜，直到 1980 年，阿尔瓦雷茨父子（路易斯·阿尔瓦雷茨和沃尔特·阿尔瓦雷茨）拿出了证据，[9] 成功证明了恐龙并非因退化导致无法生存而从地球上消失，它们其实是被杀死的。一颗太空陨石撞向地球，把这里变成了炼狱，给了所有的恐龙致命一击。这个说法过了几十年才流行起来。最初人们对这一理论十分排斥，尤其是古生物学家。不过，现在大部分人都转变观念，认同了这个说法。

在灭绝一事上，恐龙已经洗清了它们所背负的罪名，不应再承受失败者的污名。它们的灭亡不应当对它们的成功有任何贬损，就像爱因斯坦的死亡不会给他的成就打丝毫折扣一样。它们的存在绝对是成功的典范，过去如此，现在也是。

它们的名字清清白白，它们的灭绝并非自身之过。我们甚至可以从它们身上学到很多，也应当向它们学习。否则，只会显得我们愚昧又傲慢。

在很长的一段时间里，恐龙在适应性和坚忍性方面一直是胜者。恐龙在地球上存在了长达 1.65 亿年，而在大部分时期，它们一直处于绝对统治地位。这么说是在排除了鸟类的情况下。事实上，鸟类也是真正的恐龙。如果将鸟类（现称为鸟类恐龙或会飞的恐龙）[10] 包括在内的话，那它们在地球上存在的时间就跨越了从现在往前数 2.31 亿年的时间。这的确不赖。灵长类动物在地球上存在了约 5600 万年。[11] 约六七百万年前，人类的祖先从灵长类动物中进化出自己的分支，演变成了后来的黑猩猩。[12] 大约 20 万年前，才出现了人类这一物种。[13] 与中生代存在的时间相比，这段时间的长度几乎可以忽略不计。

也许将所有哺乳类动物和所有恐龙（包括

鸟类恐龙和非鸟类恐龙）放在一起比较才更为公允。哺乳动物的祖先是一种体型很小、形似老鼠的生物，有着不怎么好听的学名"摩尔根兽"（morganucodontids），大约出现在 2.1 亿年前。[14]这在漫长的地质时间里倒还算得上是比较长的一段时间。但是，它们刚出现时，恐龙早已经在地球上行走了 2100 万年了。就算地球上的鸟类今天通通灭绝，哺乳动物也只有在 21002017 年才能在存活时间上超过恐龙。[15]

恐龙既是古老的物种，也是现代的物种。你读到的有关恐龙辉煌统治的最新篇章正在写就。它们跨过南极洲的皑皑冰川，穿过亚马孙河流域的茂密森林，飞越喜马拉雅山的巍巍雄峰，落在撒哈拉沙漠的点点绿洲中……在无数的其他地方——甚至包括你家后院的喂鸟器——恐龙这一物种所具有的极强适应性和坚忍性一直在持续上演。

随着生物学家的不断探索，我们对现代鸟类

恐龙的认知也得到进一步拓展，越来越多的古生物学家也在地球各个偏僻的角落寻找古代恐龙。从他们的发现来看，19世纪早期到20世纪中期，发现新的恐龙物种还属于稀有事件，我们平均每年能发现一个新恐龙物种。到了1990年，这个数字攀升到了每年6种。截至2006年，该数字升至每年15种。在2016年，有31个新的恐龙物种被发现！我们每一年都在不断发现，恐龙远比我们想象的要分布更广，种类更多，更令人惊叹。

　　于我们而言，这些珍贵信息的发现是一件好事。随着我们的环境慢慢步入未知，了解过去变得至关重要。那些刻在岩石上、埋在我们脚底下的教训，都有着深远意义，都是我们迫切需要了解的。恐龙绝不仅仅是时间长河中的辉煌存在，也是残忍的自然选择过程中的胜利者，它们将其他弱势物种推向了死亡。它们是无情进化规则下上万亿次自然竞争的产物，它们的身上有太多值得我们学习的地方。你想要设计出一个能够在恶劣地形中搬运重物的系统吗？恐龙已经做了这种设计。你想要了解高效的被动冷却系统的工作原理吗？蜥脚类恐龙可是这方面的专家。如果你对极端生物感兴趣的话，地球上最大的生物和几乎最小的生物，都是恐龙。如果你对升级改造和再利用技术感兴趣的话，不妨也看一看恐龙，尤其是恐龙的羽毛，它是功能变异（指获得原先不具备的功能的过程）的一个完美案例。想要寻找重要的功能性蛋白片段？早在 2011 年，研究人员对早前的分子古生物学工作进行研究后发现，人体中最丰富的蛋白质——胶原蛋白分子中最关键的区域与雷克斯暴龙体内优先保存在股骨（大腿骨）中的物质是一样的。[16]

　　想要了解市场分割和市场占领吗？从最小的蜂鸟到重达 65 吨的食草恐龙，恐龙全都是生态位分离的佼佼者。想要进一步了解生物适应性吗？鸟类恐龙可是目前唯一能够在所有大陆上进行生存繁殖的大型生物。对恢复能力感兴趣吗？鸟类恐龙在 6500 万年前的地球浩劫中存活下来，而如今鸟类的数量是哺乳动物数量的三倍之多。自达·芬奇以来，也可能是更久以前，人类就一直痴迷于自动力飞行，但始终未能如愿。而恐龙早在 1.5 亿年以前就做到了。

到现在为止，你眼中的恐龙可能还只是漫画书里的酷炫形象，有着锋利的牙齿和矫健的四肢，在儿童的幻想和电影大片里赫赫有名，同时也莫名地过时了。但事实绝非如此。

恐龙是进化史上完美适应的奇迹。尽管它们是古老的物种，但与现在息息相关。如果你研究恐龙的话，一定会被它们完美的身体构造所震撼，并会在飞行、工业设计和运动等不同方面获得灵感。

恐龙并非过时的代表，恰恰相反，如今有 18000 多种鸟类恐龙 [17] 正在我们的星球上飞行、行走、遨游。成为一只恐龙，意味着成为最成功的动物中的一员，其存在时间之久也许是人类或任何哺乳动物都无法超越的。

　　除了本身令人艳羡的能力之外，恐龙还会以某些特殊的方式引起大众共鸣。它们是过去的体现，是古老的代表。可是，在困难重重的当下，我们为什么还要回看过去呢？在本书中，我的观点是，恐龙很重要，因为未来很重要。全球变暖，海平面上升，环境急剧恶化，生物多样性面临危机，这些令人痛心且注定会付出高昂代价的问题全都明确地展现在我们眼前。人类往往更为关注未来而非过去，甚至古生物学家们也是如此。但是，我们无法穿越到未来，我们无法观察未来，更无法对未来做实验。未来是始终跑在我们前面的茫茫黑暗，总是遮挡住我们将要经历的事情。未来也从不告诉我们，我们梦想、希望、祈祷与渴望的东西能否实现。至于现在，又没什么可做的。现在短暂而不稳定，就像最重的化学元素一样，它不过是分隔未来与过去的一个短暂

到现在为止，你眼中的恐龙可能还只是漫画书里的
酷炫形象，有着锋利的牙齿和矫健的四肢，在儿童
的幻想和电影大片里赫赫有名，同时也莫名地过时
了。但事实却绝非如此。

恐龙是进化史上完美适应的奇迹。尽管它们是古老
的物种，但与现在息息相关。如果你研究恐龙的
话，一定会被它们完美的身体构造所震撼，并会在
飞行、工业设计和运动等不同方面获得灵感。

瞬间，就如你正在读的句子已经成了你的过去。但是，过去却是我们真真切切可以接触到的，它就在山丘之中、汪洋之下。你可以抓住它，凿开它，学习它，将它陈列进博物馆供世人观摩。最重要的是，过去是通往未来的向导，是我们唯一拥有的东西。

当有人问臭名昭著的银行大盗威利·萨顿："你为什么抢银行？"他的回答是："因为银行有钱。"同样，我们为什么要研究过去呢？因为答案就在过去。如果你关心人类正面临的各种危机，请看看过去。没有什么类比是完全相同的，那些古老的化石记录也不会给出全部答案，但是在目前的困境之中，我们可以忽略这些不同。温斯顿·丘吉尔曾说过，你对过去看得越深，那么你对未来也会看得越远。只有过去会告诉我们，我们最需要为未来做好哪些准备。我们迫切需要为未来做好准备，只有过去为我们提供了做到这一点所需的广阔视野。我们可以从许多角度审视地球上的古代世界，那些遥远的景象穿越时间，为我们的想象开辟了通道。每一处景观都有很多值得我们学习的地方，但是当我们站在悬崖边上观看恐龙的世界时，会发现没有任何一个瞭望台的吸引力能与之相比。

# 第二章

# 企鹅是恐龙吗？

阳光透过铝制的百叶窗倾洒进来，给新泽西州大西洋城对面的海滨小屋增添了一层朦胧的质感，恍若电影场景。我坐在家中的沙发上，目不转睛地盯着小小的电视机里美国广播电视台正在播出的黑白模糊影像：两位宇航员坐在一枚火箭里——当然是一枚真正的火箭，正在被送往太空。那时我4岁。最合理的推算是，当时的我可能正在观看1965年3月23日"双子星3号"的发射场景，宇航员维吉尔·格里森和约翰·杨被送入环绕地球的三个近地轨道。那一幕成了我脑海中最早的关于科学的记忆片段，我此后余生的每一刻都为那天因科学探索而被引燃的激情所触动。

我的哥哥汤姆从住在宾夕法尼亚州的叔叔的奶牛场回来时，带回了一些蕨类植物的化石和石英晶体。对我来说，这些石头神秘而迷人，我花了很多时间研究它们，大部分时间是在汤姆打棒球或者在盐沼区钓鱼的时候。我7岁那年，附近一位人称奥斯勒太太的石头收藏者把装满岩石和化石的鞋盒带到了童子军会议上，眼前的一切令我震惊。这些石头奇形怪状，颜色各异，表面闪闪发亮，还有动物被禁锢其中——它们是怎么进去的？我完全被迷住了。第二天，我写了一篇关于火成岩、变质岩和沉积岩的作文。当然，肯定参考了《岩石和矿物的黄金指南》( *Golden Guide to Rocks and Minerals* )。我在这篇文章里表示自己立志成为一名地质学家，并认为变质岩是最好的岩石种类，因为你可以在里面发现化石（事实证明，这一点我说对了，它们的确是一种最好的岩石）。

求学之路并非一帆风顺，不过，我最终还是选择了古生物学。刚毕业那会儿，我当过乐队鼓手，在全国各地巡回演出，后来又在大西洋城的金砖赌场做了一段时间的室内鼓手。结束这段相当曲折的音乐旅程后，我进入了研究生院，并在特拉华大学获得了地质学博士学位。

我在费城德雷塞尔大学当上教授，开始了我的学术生涯，教授地质学、古生物学和进化论课程。1999 年，我加入了由宾夕法尼亚大学的同事们组成的科考小组，前往埃及的撒哈拉沙漠，在偏远而荒凉的巴哈利亚绿洲寻找恐龙。在那里，我们花了两年时间寻找传说中"失落的埃及恐龙"：约一个世纪前，撒哈拉沙漠中曾发现过四种恐龙，后被带到德国，毁于二战中同盟国的轰炸袭击。我们并未找到这些失落的恐龙，但在寻找过程中却发现了一种新的巨型食草类恐龙，我们将之命名为"潮汐龙"（Paralititan），意为"像潮汐一样巨大无比"。这种恐龙以古老的红树林中的植物为食，在它们眼中，这些红树林就像是一个个巨型沙拉碗。

我的作家朋友杰夫·布鲁曼菲尔德喜欢这样评论："探险是带着目的的冒险。"接下来的十年里，我在世界各地进行了数次冒险，每一次都带着相同的目的：揭开地球传奇故事的一页或两页。在埃及，一个贝都因人误把我当成了盗墓贼，拿着短弯刀恐吓我（这的确是个误会）；在美国蒙大拿州，我背上绑着一块存留着侏罗纪时代[18]翼龙脚印的岩石，从悬崖峭壁上爬下来的时候，险些摔死；在中国，我在一辆开往酒泉的左摇右晃的夜车上经历了从业以来最严重的食物中毒，差点把内脏全吐出来（直到现在，在我家，只要是说"乘夜车去酒泉"，就表示生病了）；在戈壁沙漠，我被一头杀气腾腾的双峰驼袭击，为了保命不得不发疯狂奔。曾有一条蝮蛇在我的双脚间蜷缩，蝎子与我一起住过帐篷，美洲狮在我的帐篷周围偷窥，响尾蛇在我身上沙沙作响，暴躁的公牛不止一次地追在我的身后（上一次遇到脾气暴躁的公牛是在苏格兰的北海海岸，当时我正在为写作这本书做研究）。我沿着阿根廷巴塔哥尼亚南部的一条冰河顺流而下，不负所望，我在那里偶然发现了一座这个星球上有史以来最宏伟的"泰坦巨人"的坟墓。九年后，我把这种巨大的食草恐龙命名为无畏龙（Dreadnoughtus）——无所畏惧的庞然大物。

虽然古生物学是我从事的专业，但是我仍然对世界上存在过恐龙这样的生物感到惊讶。幸运的是，我们现在生活在一个能够认清化石本质的时代，一个能够用前所未有的方式探索远古的时代。除了恐龙，化石记录中还有许多令人惊叹的其他生物。像沧龙一样的"海怪"曾经真实存在于这个星球之上。风神翼龙（Quetzalcoatlus）

也曾真实存在过，它展翅时有塞斯纳飞机那么大，站起来有长颈鹿那么高。还有滤食鳄鱼，长着腿的古鲸，体大如牛的啮齿类动物，大到可以吃掉牛的蛇，展翅如雄鹰的蜻蜓以及和汽车一样长的虫子。此外，还有一种生活在寒武纪[19]的生物，它们看起来像是软糖和一盒牙签的混合体。这种生物非常奇怪，古生物学家把它命名为怪诞虫（Hallucigenia）。类似的奇迹无穷无尽，大自然总是乐此不疲地为人类创造惊喜。

我公开演讲时，常常会邀请观众参与一个有趣的游戏：猜一猜，哪个是恐龙？我会展示四种动物的图片，并让观众大声说出哪些是恐龙，哪些不是。图片里展示的四种动物分别是一只沧龙（一种生活在中生代的巨型海洋食肉动物），一只翼龙（一种生活在中生代的大型飞行动物），一条鳄鱼和一只可爱的、毛茸茸的企鹅。大部分人觉得沧龙属于恐龙，因为它体型巨大、样子骇人，名字里还带着"龙"字。几乎所有人都会把翼龙划分到恐龙的行列，因为绝大部分关于恐龙的儿童读物中都出现了翼龙，它的名字中也暗藏着恐龙的线索。多数人认为鳄鱼不是恐龙，不过鳄鱼通常还是会获得几张支持票。接着，有意思的部分出现了："企鹅是恐龙吗？"

每到这时，全场就会爆发出一阵笑声，然后是叽叽喳喳的议论声。如果我是在学校做演讲，每当企鹅是不是恐龙的问题提出以后，通常情况下老师们都会走进来让大家保持安静。

答案揭晓：

沧龙不是恐龙。沧龙是海洋蜥蜴，与科莫多巨蜥的亲缘关系远比与恐龙的亲缘关系更近。如何断定？它们不具备恐龙特有的解剖特征。

翼龙不是恐龙。翼龙，包括赫赫有名的翼手龙，都是一种会飞的爬行动物，它们与恐龙生活在同一时代，但不是恐龙。它们也不具备关键的恐龙解剖特征。虽然翼龙与恐龙有亲缘关系，二者有着共同的祖先，但在第一批恐龙出现之前，翼龙便从祖先的某一分支进化出来了。

鳄鱼不是恐龙。鳄鱼是现存恐龙近亲里最接近恐龙的生物，但它同样不具备恐龙的解剖特征。

可爱的、毛茸茸的企鹅，它们才是恐龙！企鹅同所有的鸟类一样，都是恐龙后裔。企鹅不是什么恐龙近亲，它们就是恐龙。是否为恐龙是个二选一的问题，不存在远近程度之分。要么是恐龙，要么不是。鸟类恐龙，也就是我们常说的鸟类，要么自身便拥有恐龙的所有象征性特征，要么它们的祖先拥有这些特征。鸟类和雷克斯暴龙、剑龙和无畏龙一样，都是恐龙。

或许你认为这听起来很不可思议，但事实确实如此，这也是我们必须相信科学的原因。正如历史所证明的，常识对于理解宇宙的结构和复杂性来说是一个很差劲的向导。爱因斯坦称这种错误的常识为"偏见的集合"。如果常识能够有效地引导我们，那么就不需要科学了，可是常识做不到。把企鹅划分到恐龙的行列确实有悖常识，但的确是事实。

那么，我们为何能断定企鹅是恐龙呢？从企鹅的骨骼中，我们能够清楚地看到侏罗纪时期的恐龙留下的线索，恐龙的骨骼特征沿着一条完整链条向前传递了1亿5000万年。由于某些鸟类偏爱有水的环境，一些鸟儿的尸体偶尔会沉积在湖底，骨骼被淤泥精心地保存下来，留下了一份份有关恐龙旁支进化历程的精彩叙述。

既然已经知道鸟类是从恐龙进化而来的，那我们应该叫它们恐龙吗？从某种程度而言，难道我们不应该认为它们已经不再是恐龙，而是演变成鸟类了吗？当然不可以，它们依然是恐龙。就算我们的祖先进化成了人类，他们也并没有退出灵长类动物的行列，更没有被剥夺哺乳动物俱乐部的会员资格，兽性也并未消失，所有的特征依然保留在我们的祖先体内。企鹅是鸟类，也是恐龙，因为恐龙是它的祖先。像所有的恐龙一样，鸟类的祖先可以追溯到第一只恐龙，因此它们就是恐龙。

要想确定企鹅在生命树上的位置，关键是确定它所栖息的树枝。当然，树枝可以再分出旁枝，但是树枝上的每一根小枝丫，比如企鹅，都是一层一层地嵌套在一根根更粗壮的树枝上。一个完整的分支被称为进化枝，应该包括它本身的分支以及所有分支的分支。在现实中，一根进化枝由一个作为祖先的有机体和该有机体所有的后代组成，也就是完整的分支。进化枝又嵌套在进化枝里。比如乌鸦属于鸦属，鸦属属于鸟纲，而鸟纲起源于恐龙。

如果我们只将恐龙后代的一部分叫作恐龙，剩下的部分叫作鸟类，那么恐龙进化枝将不复存在，因为这样不能够组成一个完整的分支。最好的解释方法就是拿你的家族做一个类比。举个例子，想象一下你的曾曾曾祖母，不妨叫她波莉吧。家族延续，波莉的家族由她和她所有的后裔不断扩大。（物种内部不考虑姻亲，所以让我们暂且忽略姻亲在这个家族产生的混淆。）你可以把曾曾曾祖母的家族想象成一棵树，树枝不断向上延伸，而曾曾曾祖母位于树的根部。你的曾祖父母、祖父母还有父母都是这个家族的树枝，每根树枝都是从前一根树枝中萌发出来的。当然，你也是其中的一员。假如你有一个叫鲍里斯的堂兄弟，他的曾曾曾祖母也是波莉。那么他和你一样，也是家族中的一员，因为他也是波莉的后裔。然而，种种事迹表明，他是一个令人难以忍受的讨厌的家伙，所以我们决定把他踢出去。什么？我们不能那样做。鲍里斯和你一样，都是波莉家族的人，这一点不可否认。或许他有口臭，或许他曾经和你作对，或许他是一个爱吹牛、自以为是、花里胡哨、喜欢搞恶作剧的人，但是不管怎样，他和你一样属于波莉家族。你可以拿"今年的感恩节派对已经取消了"的借口回绝他，可以在脸书上取消和他的好友关系，也可以留给他错误的手机号码，比如把号码中间换成 555，但是你没有任何客观的理由把他赶出波莉家族。

现在，借鉴你的家族进化枝，让我们也为恐龙搭建一根进化枝。从大约 2.31 亿年前的生命之树里伸展出来的众多树枝里，挑选最粗壮的一根树枝定义为恐龙，如果沿着恐龙祖先和所有后代的分支向树根探寻，所有的分支都会指向同一个起点：第一只恐龙。在恐龙的进化枝中，还有许多分支嵌套在主干上。一边是有角的恐龙、带甲的恐龙以及一群食草恐龙，大部分食草恐龙都是鸭嘴龙；另一边则是包含了巨型蜥脚类恐龙的分支；旁边还有一个包含食肉恐龙的分支，比如雷克斯暴龙和迅猛龙。大约在 1.5 亿年前，这个家族孕育出了一个长着羽毛的亚科。它们看起来很像有羽毛的非鸟类恐龙表亲，但它们会飞。鸟类终于降生了。

无论鸟类恐龙还是非鸟类恐龙，所有恐龙都具有一套独特的解剖学特征，这套特征使它们有别于爬行动物的祖先，也有别于现存的和已灭绝的近亲——这是恐龙的本质特征。这些特征都是为了增强力量和供给能量。

一次次的进化迭代使得后代恐龙比它们的祖先更有活力，以一种更加活跃的方式生活在这个星球上。尤其是四肢的进化，早期恐龙的四肢一般全部用作力量支撑和向前运动，但是后代恐龙进化成了以直立姿态行走，这一点与它们的前辈大不相同。无论是食肉恐龙还是食草恐龙，都是更加灵活的生物，庞大的身躯随时准备行动。恐龙的四肢长在身体下面，几乎垂直于地面，体态更像马而不是鳄鱼。它们的后脚在脚踝处进行了调整，限制了左右运动，但形成了一个有力的前向铰链的机制，保证了它们能够快速有效地直线前进。

恐龙的后腿十分有力，牢牢地固定在坚硬的臀部上，就像一个坚实的脚手架，支撑着格外结实的腿部肌肉。事实上，这个星球有史以来最强壮的腿都与恐龙沾亲带故。恐龙已经整装待发，进化到能够进行快速持续地向前运动的模式。

现在，我们可以把恐龙的体态与蜥蜴或鳄鱼的慵懒体态比较一下：后者的四肢向外伸开，膝盖和肘部弯曲，双脚向两侧伸展，腹部擦地，尾巴拖在身后，这不是一个适合运动的姿势。恰恰相反，从能量的角度来看，这种伸展的姿势是非常"保守"的——对于那些不经常吃东西并且消耗热量很少的变温动物来说，这是一个很好的策略。这些无精打采、冷血的动物总是离打盹只有半步之遥。不过，你千万不要被这种慵懒的天性蒙蔽了，意识不到它们迅速行动的能力。许多爬行动物能够以惊人的速度攻击猎物，动作如行云流水，让人几乎看不清楚。不过，爬行动物一天中很少会做出这些动作，大部分时间都在休息。冷血动物的生理机能注定了它们主要的生活状态是好吃懒做，而不是活力四射。

一旦你想要寻找恐龙解剖结构中必不可少的

起跑状态，你就能看到隐藏在火鸡体内的迅猛龙身影。只要稍加练习，你就会注意到每只鸟体内都有恐龙的身影，从企鹅到鸽子，无一例外。这可能与我们一贯的认知背道而驰，但是就像我们不能把可恶的表弟鲍里斯赶出波莉家族一样，我们也不能把一只嗡嗡的蜂鸟从恐龙分支上赶走。就像加入了黑手党或中央情报局（故事里都是这样写的）的人，一旦加入，就永远无法退出。鸟类是恐龙，因为它们的祖先是恐龙。

就像一棵底部分叉的树一样，恐龙的进化枝在诞生后不久就分裂成两个粗壮的树干，每个树干上又长出了许多新的树枝和细枝。其中一根树干叫作鸟臀目，这根树干里长出了鸭嘴龙、长角的恐龙和穿甲的恐龙。另一个粗壮的树干叫作蜥臀目，从这里又分出来兽脚亚目动物（通常被称为"肉食者"）和一群长颈、长尾的食草动物（被称为蜥脚类动物）。后者的大多数成员都属于蜥脚龙次亚目。这些才是真正的巨人，比如雷龙、阿根廷龙和无畏龙，是地球上有史以来最庞大的生物。[20]

纵观整个恐龙家族，体型和外观进化的可塑性确实是大自然的杰作。这个庞大家族中成员的体型跨度令人震惊，从重达 65 吨的无畏龙到体重只有 0.056 盎司（1.6 克）的小蜂鸟都有。更有趣的是，这两个物种都诞生在恐龙家族树的蜥臀目一侧，这意味着蜂鸟与无畏龙的亲缘关系比无畏龙与剑龙、三角龙、肿头龙或其他鸟臀目恐龙的亲缘关系更近。类似的现象在其他蜥臀目恐龙"祖孙"的身上也有所体现：雷克斯暴龙和火烈鸟、雷龙和冠蓝鸦、迅猛龙和环颈雉鸡，它们彼此之间的亲缘关系都比三角龙等鸟臀目一侧的任何恐龙更为密切。

恐龙之间存在的这些令人震惊的亲缘关系进一步引发了我们的好奇。而贯穿始终、揭示整个进化历程的秩序与美丽、基础与动机、延续与变异主题的，是解剖。

不过，如果没有一个能够深度窥探时间的视角，恐怕我们永远无法把蜂鸟和无畏龙联系起来。人类的生命是如此短暂，在那股生命进化的不屈不挠的力量面前，我们的感官是如此脆弱无助。但是，就像我们能够借助望远镜和显微镜来观察肉眼看不到的东西一样，岩石记录提供了一个进化的镜头，将生命演化切换到了慢动作模式。透过这个镜头，我们可以看到地球充满了创造性和破坏性的力量。地壳板块在地球表面游动，相互摩擦、撕裂、挤压，形成了连绵不绝的山脉。海水在山川间涌动，冰川在两极流淌，就像一对冷冰冰的心房。

纵观整个时间长轴，生命之树的形态从来不是一成不变的，在大多数时间里，它向上生长，同时向外延伸，但偶尔也会有一根树枝或一根细枝枯萎凋落。它处于幼苗阶段的岁月于我们而言太过神秘：历经数十亿年才长出坚硬的躯干，在岩石上写下了自己的故事。[21] 等长出大部分枝干，又过去了将近 5 亿年。在那个远古的时代，这棵生命之树已经被过度"修剪"了五次：瘴气、冰封、灼热，甚至还有燃烧；第五场灾难，是从太空穿越而来的横祸，恐龙巨大的身躯几乎被拦腰截断。如果不是因为家族躯干的坚韧，如今我们称为鸟的"树枝"早已成了灰烬。在这条树枝的末端悬挂着 17 种现存的企鹅——17 种企鹅恐龙，17 种湿答答的、胖乎乎的家族遗孤。这足以证明，科学是打破人类对自然的偏见集合的最好工具。

# 第三章

# 行走的自然历史博物馆

化石记录中发现的奇妙联系当然不仅仅存在于恐龙之中。地球的发展史跌宕起伏，倘若它们出自小说家的凭空想象，这些内容可能足以荣获文学奖。但一切并非空想，它们都是真实发生过的地球故事。

地球发展史的最后一页 —— 也就是现在——是必然的结果，但它也是无数意外事件的结果。这些意外不偏不倚，接踵而至，最后创造出了我们眼中的这个世界。其实，世界本可能变成其他样子。如果在某处干扰一下，延迟某事件的发生时间，打乱某几个事件的发生次序，或是以这样或那样的手段改变一下某个大陆的位置，那么地球历史将会永远改变。可能一束阳光，便可以引发一个足以改变历史的突变。太空陨石也只需要左右稍微偏移一点就能改变历史进程。如果杀掉古巴基斯坦海岸边狼一样的生物，那么今天世界上就没有鲸鱼了。如果在600万年前以某种方式改变穿过北非的风向，那么人类能否继续进化也存疑，因为森林不一定会变成草原。这些可能会发生的偶然事件多到让人无法想象，各种事情千变万化，相互交织，我们也许永远想象不到它们有多复杂。

　　大部分不可思议的历史都已经消逝在了这颗不停转动的多事星球之上。我们可以向外探索地球的荒芜之地，探索那些人类与岩石交会之处，寻找残存的蛛丝马迹。又或者，我们可以向内探寻。人类的骨骼揭示了它自身的进化过程。我们每一个人的细胞内都暗藏着一个分子图书馆，记录着人类祖先的故事。有时候，我们会以最难以意料的方式发现其中某一页的故事，比如某一种曾被认为早已消失的古生物，又活生生出现在我们眼前。

在 1938 年平安夜的前一天，南非东伦敦市一家小型博物馆的馆长玛乔丽·考特尼·拉蒂莫乘出租车前往码头，看看渔船又拖回来什么东西，顺道祝她船上的朋友们圣诞快乐。她照例登上入港的几艘渔船，寻找能拿来填充自己鱼类标本收集库的有趣样本。当考特尼·拉蒂莫把手伸入捕获的鱼堆里翻寻，在手臂能够探入的淤泥深处，她发现了一条从未见过的鱼："我从厚厚的泥巴里翻出了这条我见过的最漂亮的鱼。它有 5 英尺①长，通体呈蓝紫色，带着微微发光的白色斑点，闪烁出银亮、蓝绿色的光泽，坚硬的鳞片

---

① 1 英尺约等于 0.3048 米。——编者注

布满全身，四片鱼鳍如四肢般分布在身体两侧，还有着一条像小奶狗尾巴一样的鱼尾。"她不知道这是什么生物，船上的人也不知道。一位苏格兰渔民说，他在海上打了 30 年的鱼，还从没见过这种鱼。

考特尼·拉蒂莫被难住了，于是她写了一封信寄往 100 英里①外的罗德斯大学，向她的良师益友史密斯教授寻求帮助。而彼时的史密斯教授正身处 250 英里外的克尼斯纳海滨小镇。这封信辗转近两周才寄到他手上。一打开信，史密斯就被信中描述的内容和草图所震惊。

"我不敢现在就对这条鱼妄加猜测，"他在回信中写道，"不过我一定会尽早赶过来看看它。从你的图像和文字描述来看，这条鱼长得很像很久以前就灭绝了的一种鱼类，但我必须先亲眼看到它才能确定。如果真的证明了这条鱼和

---

① 1 英里约等于 1.609 千米。——编者注

那早已灭绝的鱼类有某种亲缘关系，这将有重要的意义。在这期间，请务必保护好它，千万不要把它放走了。我感觉这条鱼具有极大的科学价值。"[22]

史密斯先生和他的夫人冒着大雨赶了一周的路，中途还遇到了劫匪，最后终于抵达东伦敦市。这位教授的直觉是对的。他在回忆录中记录了自己第一眼见到那条鱼的心情："虽然我已经有了心理准备，但我第一眼看到它时还是被震惊了。我就像是被石头砸中了一样，杵在原地久久未动。是的，这不是没有根据的猜想，眼前这一片片鱼鳞，一寸寸鱼骨，一个个鱼鳍，证明它就是一条活生生的腔棘鱼。"

但这怎么可能呢？腔棘鱼应该早就灭绝了——早在 6600 万年前，和恐龙一起灭绝了。

考特尼·拉蒂莫馆长发现了原本已经灭绝的物种，全世界的媒体对此争相报道。考特尼·拉蒂莫和史密斯一时之间成了国际名人，各大报纸、杂志和电视新闻都在庆祝这条活腔棘鱼（有些人也管它叫"恐龙鱼"）的发现。

一个只能从化石记录里了解的物种，一个被认为早已灭绝的物种，会突然活过来。在《新约·约翰福音》中，这些"复活"的生物被称为"复活种"。当然，这些生物其实从未灭绝过，只不过科学家尚未发现过它们的活体。地球上还有多少个"复活种"呢？没人知道。

和企鹅一样，腔棘鱼也带来了意想不到的惊喜。它们属于肉鳍鱼类，或者说是一种有着分裂鳍的鱼。腔棘鱼和其他鱼类的不同在于，其肉鳍内部有着从躯干中长出来的肢状骨骼结构。看一看肉鳍鱼类的进化枝你就会发现，紧邻腔棘鱼的另一类鱼进化出了肩膀和臀部，最后长出了四肢（手指和脚趾）。这些肉鳍鱼类被称为"四足类"，它们囊括了所有两栖动物、爬行动物、哺乳动物和恐龙。霸王龙、仓鼠、美洲雕鸮、箱龟、骆驼、壁虎、树蛙、袋鼠、蝙蝠、科莫多巨蜥、腔棘鱼——还有你——所有这些生物都位于肉鳍鱼类的进化枝上。一切带有骨骼四肢的生物，包括四肢退化了的生物，比如蛇和鲸鱼，都是肉鳍鱼类。可以说，我们人类实际上是一群离开了水的鱼。

纵观生命树，你会发现我们不过是众多进化枝中的一员。我们既是人类、猿、灵长类动物，也是哺乳动物、爬行动物、两栖动物，还是鱼。我们每一个人都是一个动物展，一个行走的自然历史博物馆。我们体内的基因，如罗马城一样被无数代先祖创造与重建，只是有些祖先声名显赫，而有些早已被人遗忘。就像一铲沙子被一个锤子给了重重一击，沙子散落一旁，随着时间的推移，差距不断叠加。在每一代先祖的大家族中，我们都是其中不可否定的一员。但依然存在二选一的问题：要么是，要么不是；不存在一半是鱼的说法，也没有半猿之说。我们就是猿，这一点毋庸置疑。但与此同时，我们也是鱼——我们的确是高度演化的鱼，但不再仅仅是鱼。[23] 恐龙亦如是。

在人类进化史的 92% 的时间里，人和恐龙都有着共同的祖先。38 亿年前，我们与恐龙以及其他动物都有着共同的祖先——太古代[24] 时期海洋中的细菌，该时代是持续时间最长的地质年代。大约 5 亿年前，微小、柔弱的脊索动物祖先在寒武纪的海洋中艰难求生，那是一个岌岌可危的时刻，关系到所有脊椎动物的未来生存。3.9 亿年前，我们的肉鳍鱼类祖先沿着泥盆纪[25] 时期虬根生长的红树林站稳了脚跟，四足类动物的命运便落在了它们刚刚进化出来的肩膀上。在 3.2 亿年前的石炭纪[26] 时期，我们的祖先和恐龙的祖先最终在潮湿的森林里分道扬镳。当爬虫类祖先进化出蜥形类和下孔类两种生物时，这条穿越时间的道路被不可挽回地撕裂了。进化是一条单行道，一旦分开，便再无重新汇合的可能。

又过了 8900 万年，蜥形类中的一个物种便进化成了恐龙；2100 万年后，下孔类中出现了第一批哺乳动物。[27] 这两类生物都将各自统治地球——蜥形类在前，随后形势逆转，下孔类后来居上。

3.2 亿年前蜥形类和下孔类的分化，成为具有决定性作用的转折点。如果能够亲眼看到这些神奇的生命进化过程：一部分物种进化出了爬行动物、恐龙和鸟类，另一部分进化成了哺乳动物——包括最后的高级物种——猿，那一定令人目瞪口呆。但是这种场面绝不可能亲眼看到。实际上，生命的进化过程缓慢得让人难以察觉。

进化是一个连续渐进的过程，以至于所有巨大的转变在一开始都显得平淡无奇。那些重大的历史性改变，通常都始于十分细微的变化，细微到你几乎感觉不出来。

以人类为例。虽然我们跟恐龙完全不同，但都有着共同的祖先。在 3.2 亿年前的石炭纪时期，进化是一个连续渐进的过程，以至于所有巨大的转变在一开始都显得平淡无奇。那些重大的历史性改变，通常都始于十分细微的变化，细微到你几乎感觉不出来。

以人类为例。虽然我们跟恐龙完全不同，但都有着共同的祖先。在 3.2 亿年前的石炭纪时期，一群爬行动物离开族群，开始独自繁衍生息。

起初，正在进化中的这两群爬行动物在外形上几乎没有差别。随着时间的推移（漫长的地质时代），其中一群爬行动物演变成了蜥形类，最终进化成恐龙。又过了很长时间，另一群爬行动物进化成下孔类，最后才有了人类。

想象一下，如果其中一群爬虫类动物进化失败，或是它们从未分开过，那么这个世界将会是什么样子。所以，地球的历史就是无数个意外事件的集合。

一群爬行动物离开族群，开始独自繁衍生息。

起初，正在进化中的这两群爬行动物在外形上几乎没有差别。随着时间的推移（漫长的地质时代），其中一群爬行动物演变成了蜥形类，最终进化成恐龙。又过了很长时间，另一群爬行动物进化成下孔类，最后才有了人类。

想象一下，如果其中一群爬虫类动物进化失败，或是它们从未分开过，那么这个世界将会是什么样子。所以，地球的历史就是无数个意外事件的集合。

如果你可以回到3.2亿年前石炭纪的森林，去亲眼见证人类与恐龙最后一支共同祖先的分离过程，你就会看到一群小型爬虫类动物被某些物理屏障——也许是一条河、一个峡谷，或是一段山脉——分割成了两个群体。无法与屏障外的同族进行交配繁殖，基因差异就会逐渐累积，这两个群体也将走向各自的进化之路。两个物种之间的差异极易被忽略，而它们进化成功与否将决定地球上大部分生物的命运。如果其中一个物种消失，那么世界上就不会有鳄鱼、蜥蜴、翼龙、沧龙、龟或是任何爬行动物，也不会有大蓝鹭、斑点猫头鹰、霸王龙、腕龙、肿头龙或者其他恐龙。如果另一个物种进化失败，世界上也不再会出现巨型树懒、灰熊、裸鼹鼠、灰红蝠、鼯鼠、海牛、蓝鲸、猿或是其他哺乳动物。如果哺乳动物进化失败，就不会有中国长城、雅典卫城、亚里士多德、达尔文、陶器、迪斯科球、航天飞机、巧克力冰激凌，也不会有你。

地球史记载了无数披着平凡外衣的重大历史事件。人类统治结束之后，下一个主宰未来的物种可能就存在于我们周围。它会是弱小的老鼠，还是院子里的那群鸡？抑或是潮水潭里的海星、永远灭不完的蟑螂（科幻作品的最爱）？如果是的话，我们还能认出它来吗？当然不能。进化没有方向，也没有动力。过去显而易见的东西，我们往往无法展望其未来。由蜥形类和下孔类生物的分化而引发的所有物种进化，一开始难以察觉，但它将永远地改变世界，就像是蝴蝶扇动了一下翅膀，经过长期连锁反应就能引发各种气象变化。

# 第四章

# 化石的故事

　　当我成为发现地球某一历史事件的第一人时，它将产生持久性的影响，这种影响不会因时间的推移或是同一行为的重复而有所减少。它就像是奥斯勒太太装满了化石的鞋盒，有着深刻的意义，但只有长大成人以后才能有所体会，也像是一段难得的感官体验。尤其是在探险队时，当身体经历过风吹雨打后变得疲惫不堪，双手布满老茧、裂痕变得硬邦邦，而你变得越来越像脚下的大地，同它的联系越来越紧密。这是一种十分原始的感觉，双手带给了你与生命、大地、世间万物的深层联系。我们那群居住在大自然里的祖先，肯定也在泥巴地里找到过恐龙化石，并且把它们从土地里挖出来。他们肯定也享受过做这些事情所带来的乐趣，也观察到了这些化石的特别之处。这些体验是如今的城镇居民，甚至是我们这些一直住在农场、晚上躲到舒适住所的人都无法拥有的。我们祖先的感官能够领悟大自然的微妙启示和不详预警，也善于鉴赏化石。这一切看似合理，但事实并非如此。拥有眼睛就可视物，但只有成熟的头脑才能看到并创造故事。一块没有故事的化石，只不过是一块普通的石头。

19世纪以前，还没有连续出现有关地球形成的故事。就算是存在于稳定地质环境的农耕社会或游牧民族，人们哪怕经常遇到化石，也无法收集整理所有的化石记录。农民们只能用牲畜和双手进行耕种，他们对土地的熟悉程度是我们这些现代人难以想象的。耕田者、牧羊人、收割者……还有许许多多其他生活在工业化时代之前，需要脚踩黄土手沾泥，和石头进行亲密接触的农耕者们，他们不可能没注意到脚下的远古海洋生物、猛犸象象牙和恐龙化石。当然，现代社会里的测量员、水管工、执法员（税收员）、游商、伐木工和护林人，还有矿工和石匠，他们必定也会在工作中与一些化石擦肩而过。如果没有将这些关于化石的发现置于科学框架内，人类就会与史前文明失之交臂，或者说人类只是好奇地看了一眼这些地球的自然产物，抑或将其纳入当地的民间传说。当科学还没诞生，无法从化石里解读出地球故事之前，一些化石就这么被胡编乱造成了民间传说。

在《希腊罗马时代的古生物学》（*The First Fossil Hun-ters*）一书中，作者阿德里安娜·梅约（Adrienne Mayor）认为，即使"没有哪一位自然哲学家——甚至包括亚里士多德——能够用一个有条理的理论对化石进行清楚阐释"，那些古代文献中认为化石是怪兽和巨人骨头的记录，也是"真实自然历史的佐证"。[28] 梅约举例指出，关于奇幻生物狮鹫的传说可能就是来自沙漠里的角龙化石。

传说里的狮鹫有着狮子的身体，鹰的头颅和一双翅膀（蜥形类和下孔类终于重新结合到了一起），是时刻保持警惕的黄金守护者。把狮鹫传说当作完全虚构的故事，从科学文献中抹去是一件很容易的事，也许还是正确的做法。但梅约认为，有些传说是从现实的果仁里萌发的，传说中的怪兽有时来源于前人的民间古生物学。

而且，很多古代作家似乎已经明白了化石里保存的是远古时代的生物。在《山顶上的贝壳》（ *The Seashell on the Mountaintop* ）一书中，艾伦·卡特勒写道："公元前 6 世纪，最早的希腊哲学家，即所谓的前苏格拉底哲学家，将化石作为他们各种关于世界的理论基础。"[29] 一部分古希腊人和古罗马人就跟现在的人一样，本能地认为化石是早期生命形式的代表。蛤蜊住在蛤壳里，腿长在腿骨上，这些都是常识。但是随着罗马的衰落，就像诸多其他曾经存在过的观念一样，这些认知也整整消失了 1000 年。

在整个中世纪和文艺复兴的绝大部分时期，欧洲高级知识分子都拒绝承认化石与生物起源的关联。自然发生被认为是基本的自然过程，人们用它来解释肉里长的虫，水果里长的果蝇，还有石头里那些奇形怪状、恰好长得像动物的东西。用现代人的眼光来看，就算没有特地留意，你也能迅速辨认出化石里的三叶虫、菊石或是某种腕足类动物。也许你叫不出这些生物的名字，但是仅凭身形、图案和纹理也能认出这是化石。你会很自然地把来自远古时代的时光胶囊，当作是生物的起源。

鲨鱼牙齿化石是最容易被鉴定为化石的，因为它看起来就像是鲨鱼牙齿，尽管要鉴定出其特定类型可能有点困难。在很多样本中，鲨鱼牙齿连牙釉质都保存了下来，让牙齿闪闪发光。不过，由于矿物质通过地下水渗透到牙齿基质中，使得这些牙齿通常呈黑色。（学生们来我们化石公园参观时，我常常借此对他们开玩笑说，变成这副模样是因为它们有 6600 万年没刷过牙了，"这可真是为我们好好上了一课"。）我敢打赌，如果我给你一块鲨鱼牙齿化石，你会很快认出它来。对你而言，这就跟认苹果一样简单。即使你没见过苹果——比方说，就算你是与世隔绝的亚马孙部落成员——也能够准确地判断出眼前的苹果是一种水果，只是你不能用确切的词语叫出这种水果的名字。但是，如果我给你一块牙齿化石，而你又是 17 世纪的欧洲人，那我就不敢这么确信了。事实上，我还会打赌你完全猜不到它是什么。一眼看出牙齿的历史起源对于那时的你而言几乎不可能。更不可能的是，你不会相信地球有多古老，对于现在看来很明显的生命起源，你甚至完全没有概念。总之，你会认为地球最多也就 6000 岁，你会认同《旧约》里的神创论和物种不会随时间改变而改变的物种恒定学说（由亚里士多德提出）。

欧洲岛国马耳他的居民每天在古老的海洋沉积物周围生活耕作，遇到鲨鱼牙齿化石是常有的事。岛上的农民每天在脚下的泥灰土上劳作，经常会翻出沙鲨和鲭鲨的牙齿化石。在石灰岩河床上耕作的人还会遇到巨齿鲨的巨大牙齿，那是第三纪海洋里最大的食肉动物。

他们无法认出这些化石的本来面目，也从不觉得这些鲨鱼牙齿状的石头真的在鲨鱼口中待过。他们管鲨鱼牙齿化石叫舌形石，即舌头形状的石头，是一种神秘世界的代表性产物。在别的地方，有人认为这些化石是天上掉下来的。罗马的自然主义者老普林尼认为，这种石化沉积物只在黑暗无光的夜晚出现，当然，这也解释了为什么从来没人亲眼见到舌形石从天上掉下来的画面。还是马耳他居民更清楚其中的真相，他们从地里挖出舌形石后，把它们当成强大的护身符贩卖，声称其能够保护佩戴者百毒不侵。传说，使徒保罗在返回罗马时在这座岛上遭遇了海难。在他生火时，从火堆中窜出一条毒蛇，咬了他的胳膊。但保罗并未受伤，他将蛇一把甩在地上，并对它下了诅咒，让它和它的同类永远失去致命的毒液。马耳他人相信，大自然会时不时地产生形似毒蛇牙齿的舌形石来纪念保罗，也借此解释了这些化石良好的抗毒效果。

古典时代以后的大部分历史时期里，所有伟大的哲学家、科学家和西方神学家都一致认为地球和地球生命是由神创造出来的。打开 18 世纪的英皇钦定版《圣经》，翻到《创世记》第一章第一页——"起初神创造天地"——你可能会在下面的注释里看到 4004 这个数字，这是指公元前 4004 年，传说中神创天地的那一年。这个时间出自爱尔兰神学家詹姆斯·乌雪（James Ussher）所写的一本严肃的学术著作，他同时也是爱尔兰阿尔马的主教以及全爱尔兰的大主教（这个头衔是指他在爱尔兰教会中享有至高无上的权力，并不是指他的猿人血统，我倾向于这么理解）。乌雪研究了多种资料，从《旧约》里古巴比伦国王尼布甲尼撒二世之死，到其他国王的统治，从亚当到所罗门，再到《圣经》记载的一系列"系谱"，最终确定了这个时间。通过进一步推测，他将这个时间范围缩小到了公元前4004年10月22日——一个星期六的日落时分。

精确度和准确度是两个完全不同的概念。虽然乌雪的研究工作做得十分精确，但他的结论非常不准确——错得离谱。他犯的这个错误，相当于认为443米高的美国帝国大厦只有不到0.08厘米高，或者还没两枚一角的硬币高。乌雪对地球年龄的研究看起来很靠谱，也有很多人表示支持，就连艾萨克·牛顿，这位科学界巨匠也认同这种模糊的年轻地球神创论。查尔斯·达尔文最开始也是神创论的支持者，那时他第一次踏上贝格尔号（也叫小猎犬号）皇家海军探测船，即将开始他的五年环球航海生涯。

若地球年龄如此幼小，化石的存在没有任何意义，因为没有什么古老的历史需要记录。如果你也相信帝国大厦还没两枚一角的硬币高，那么你对于生命起源的概念，以及对于帝国大厦功能的概念，已经严重跑偏。我们似乎不可能把蛤壳化石和鲨鱼牙齿化石看成是古老生命以外的东西。如果我们一开始就被灌输地球年龄只有6000岁这种观念，就永远也不会知道真相。在一个年轻的星球上，物种必定是神创造出来的，并且一直保持着现在的样子。这怎么可能呢？物种根本没有时间进化，更别提灭绝了。如果生命的出现是百年难得一遇的神圣事件，而物种灭绝又是自然发生的，会随着时间慢慢消失，那么地球就不可能孕育新物种替代已经消失的物种，而地球最终将走向灭亡！

因此，如果没有地质年代做框架，化石将会

无人问津，或者仅被人视为自然界的奇异事件。毫无疑问，当居住在地球荒芜崎岖之地的人们偶然发现奇怪的恐龙石骨时——很多此类残骸都已经被矿化，变成了化石——人们可能认不出来这是骨头，当然他们更认不出来这是恐龙的骨头，甚至连恐龙这个词都没有在脑海里出现过。

18 世纪的牧羊人看到菊石化石，就好比现在的我们驻足观察刻在橡树皮上的一张鬼脸，一片从头顶慢慢飘过的大象形状的云，或者一尊处于悬崖峭壁的英雄人物雕像。人类是用潜意识别图案的物种。我们到处都能看到真假不一的图案。如果你不相信树精的存在，在树上看到一张鬼脸就只会把这当成一件趣事；看到动物形状的云也会认为不过是小孩子的游戏，不太在意。如果你不知道地球有多古老，那么菊石、三叶虫、恐龙骨头或是其他化石对你而言就只是一堆有意思的石头，就像天上出现的动物状云朵，不过是假象罢了。

"如果我从来都不相信它，也就不可能看到它。"我在研究生导师的门口看到一块牌子上这样写。换句话说，所见即所信，所信即所见。换一种更为科学的说法，观察到的事物形成了人的思维意识，而思维意识又主导大脑进行观察。科学家称这种现象为搜寻印象。无论何时，只要是初次踏足一个地方，我们都无法感知到脚下化石的存在。由于地质条件的差异，同一类化石可以出现在完全不同的地方。它们可能位于埃及的撒哈拉沙漠里，十分脆弱，表面覆着的一层白色结晶令它们闪闪发光。它们可能在南美巴塔哥尼亚地区一片露出地面的粗糙岩层里，坚硬如磐石，表面覆盖的一层铁锈让它们暗沉无光。它们可能泡在新泽西灰岩坑的一片水域里，成了橄榄绿色，表面布满了古老的海洋沉积物。有些骨头化石还可能变成了蛋白石、孔雀石或是黄铁矿……总之，有无数种可能性。正因为这样，我花了将近三天才真正将视野落在了一个全新的领域，建立起自己的搜寻印象。在这之后，我就像是开启了身体中的化石雷达。那些我从前可能要花两天多时间才能找到的化石，变得就像晴朗夜空里闪亮的星星一样清晰闪耀起来。不过，要达到这个境界不仅需要积极观察，并且要在潜意识中认识到世界上真的存在化石。

巴塔哥尼亚南部的大片荒地是最容易发现化石的地方。我在那里度过了五个寒冷的南部之夏，最终发现了巨型食草恐龙无畏龙的遗骸。在其中某一年的夏天，来自布宜诺斯艾利斯大学考古专业的学生布伦达·吉里亚加入了我们的行列。她对于早期人类统治南美洲最南部的这段历史十分熟悉，她抽出三天时间，离开自己当时所在的距南部 60 英里的考古遗址，前来协助我们完成挖掘无畏龙（遗骸）的浩荡工程。这令外行人十分困惑，古生物学和考古学的确是完全独立的两门学科，几乎没有任何交集。（请不要再问考古学家与恐龙相关的事情，这真的会让他们十分恼火。当然，如果你问我金字塔的事情，你也会发现我所知道的仅限于《国家地理》里的内容。）

布伦达在我们的营地度过了第一个夜晚。第二天一早，我和她沿着一片岩石河谷步行了10分钟，到达了开采现场。那时已经是我们在这里度过的第三个夏天，这条路我已经走了数百次。布伦达还不会鉴别恐龙石骨，所以我只能指给她看那些散布在河床里的碎片。她停下来捡起了一块石头给我看，我紧紧地盯着这块石头，心想：嗯，你发现了一块石头，这三天可能会过得无比漫长。接着她露出了一个神秘的笑容，就像是发现了什么秘密一样，然后她告诉我说这是一把美洲原住民的手斧。就在那一瞬间，这块石头的泪珠形状在我眼中变得清晰起来，石头表面的人工打磨痕迹也变得格外明显。她只不过是把脑海中的一个简单想法分享给了我，就在一瞬间像变魔术一般把一块不起眼的硅质岩鹅卵石变成了一件珍贵的手工艺品。我之前怎么会没见过这种东西呢？不过是因为我没有这类事物的搜寻印象——我并不是考古学家。古生物学家会习惯性忽略这些零散的近代沉积物。我们只会路过它们，转而关注埋在它们之下的古代岩石。在我看来，这块手斧不过是不相干的东西，对布伦达却有着特别的意义。在我们抵达开采现场之前，她又发现了两块手斧。在她离开以后，我们再没发现过新的手斧。由于对这类事物没有专业的认知，我的大脑并不足以看到它们，而且我显然没有相关的搜寻印象。

在 19 世纪之前，还没有人对恐龙的遗骸存在搜寻印象。人们还没有发现恐龙化石的存在，所以它们大都不过是陆地上一堆籍籍无名的石头，无人问津。很难想象人们在犁地的时候到底翻出过多少恐龙遗骸，有多少珍贵的化石被人们无意识地垒进了石头墙里，终结了它们漫长的生命。人们无法想象它们曾经是如何同恶劣的天气、凶恶的野兽以及不善的邻居做斗争的。我们也很难想象，又有多少块来自远古时代的人类颌骨、齿骨、肋骨以及脊椎骨，被朝圣者、逃难者、探险者、士兵和商人在其之上随意踩踏而无人注意。

虽然恐龙种类丰富，但它们也只不过是茂盛生命之树上一个小小的分支而已，而这棵生命之树早在 38 亿年前就已经从地球上诞生了。在生命漫长的历程中，除了最初的那一小部分，现存的生物都是巨大生命树中极小的一部分。在古生物学和地质学诞生之前，我们对这些历史一无所知，对深时（Deep Time）① 也一无所知。在大航海时代以前，就连现存的事物在我们狭隘的认知里都还是一团迷雾。所以，我们蹲守在灵长类进化枝末端的小小一隅，对于生命之树的参天树冠一无所知，也不清楚我们到底是从哪一根树枝

---

① 深时指地球历史的漫长时间尺度。——编者注

上长出来的。

我们被无知筑成的墙壁隔绝开来，对另外栖居在地球上 99.9% 的生命全无所闻，而这道墙需要很长一段时间才能被击垮。当舌形石真相大白的时候，这道墙开始出现裂痕。1554 年，在一本关于地中海鱼类的书上，法国医生纪尧姆·朗德勒认为舌形石实际上是石化的鲨鱼牙齿，当时他的观点似乎并未得到其他人的认同。毕竟舌形石的神秘传说没那么容易被推翻。又过了 62 年，一位名叫法比奥·科隆纳的那不勒斯律师开始对舌形石的本质进行研究。在对大量舌形石进行了认真钻研之后，他在 1616 年写道："没有谁会蠢到认不出这是牙齿，而不是石头。"但人们仍然不相信。朗德勒和科隆纳都没能对鲨鱼牙齿的石化原理进行解释。鲨鱼牙齿怎么可能出现在陆地上呢？对大多数人而言，这种想法很可笑。若牙齿变成石头，那舌形石的治愈能力又要怎么解释呢？当然，只有传说可以完美地解释这一切，而且传说早就成了舌形石最可信的解释。使徒保罗当然很有可能被困在了马耳他小岛上，谁又知道他会什么魔法，所以这些石头为什么不可能是蛇的毒牙呢？为什么不能是啄木鸟的舌头呢？毕竟，生命之树那么强壮。为什么不是自然形成的呢？哦，这倒是目前已知的。对于 17 世纪的人来说，这些说法比出现在陆地上的鲨鱼牙齿听起来更可信。

地球过去的一切都被岩石和化石记录了下来。数千年来，我们都不知道石头里藏有浩瀚的历史，不认识石头里困着的奇妙生物，而它们就在我们的脚下。化石里发现的浩瀚深时和生物起源开拓了我们的眼界，让我们看到了在人类诞生之前的漫长岁月里发生过的事情。又过了半个世纪，一位丹麦解剖学家对出现在意大利托斯卡纳利沃诺海岸的一条大白鲨进行了头部解剖。这位解剖学家名叫尼古拉斯·斯坦诺（Nicolaus Steno），是托斯卡纳大公爵，美第奇家族斐迪南二世的医生，居住在佛罗伦萨。28 岁的斯坦诺以独到的解剖见解和精湛的解剖技术而闻名。他对舌形石极为熟悉，同时也大概知道朗德勒和科隆纳的推断。当他研究这条大白鲨的时候，很快明白过来：舌形石就是石化的鲨鱼牙齿。事实上，一些分类学者认为，大白鲨属于巨齿鲨。如果斯坦诺手里有一块马耳他的巨齿鲨舌形石与其做比较，他就会发现两者惊人地相似。但这次情况不一样，斯坦诺的传记作者艾伦·卡特勒在其传记里写道："斯坦诺也很清楚，舌形石不过是一个特例，和那些在远海地区挖到的海贝以及其他海洋生物化石一样。"斯坦诺意识到需要对化石中的具体成分进行研究。因此，他开始系统地学习地质知识（尽管他并非专业的地质人员）。在研究过程中，斯坦诺总结出了四条法则用来描述沉积岩是如何生成、累积形成地层然后被地质作用切断的。这四条法则就是如今有名的斯坦诺定律，也是大学地质学入门课程的主要内容。

地球过去的一切都被岩石和化石记录了下来。数千年来，我们都不知道这些石头里藏有浩瀚的历史，不认识石头里困着的奇妙生物，而它们就在我们的脚下。化石里发现的浩瀚深时和生物起源开拓了我们的眼界，让我们看到了在人类诞生之前的漫长岁月里发生过的事情。

斯坦诺后来改信天主教，又奉行苦行主义，最后在 1686 年死于营养不良，享年 48 岁。有人好奇，倘若斯坦诺一生致力于科学研究，他的人生会有哪些不同。斯坦诺定律后来发展成了地质学的分支学科——地层学。该学科专门研究岩层，对矿物勘探和石油勘探尤为重要。他有关化石中生物起源的理论研究也逐渐受到欢迎。到 18 世纪初期，化石已经被普遍认为与生物形成有关，但是它们的起源随斯坦诺的地层观察结果一起被淹没在了洪水神话之中。随后，年轻地球创造论开始盛行。如今人们已经知道了地球有着恢宏的历史，但我们仍旧无法真正了解它。

除非人类能够真正理解时间的本质，否则将永远无法了解地球史册的丰富性、戏剧性。我们是谁？我们是怎样走到这里的？我们处在地球上的哪个位置？这些问题的答案就在我们的脚下，只是错误的认知挡在我们的眼前，让我们无法看到。年轻地球创造论蒙蔽了我们的双眼。我们需要一个突破，揭示有关地球的基本真理，让其他的一切都能够被真正探寻。地球是一个古老的星球。

# 第五章

# 认识深时

时间，深时，是地质学的根本，正是这一事实，使得岩石和化石可以说得通。人类的感官并不能很好地洞察各种各样的自然现象，哪怕经历过进化，也是为了更好地处理眼前的、当下的事情——生存威胁、食物和配偶等问题。我们活在当下，而活在当下的人的记忆是短暂的。人的生命只能延续几十年，这是一个悲哀的事实。就连历史记录也基本上都有关当下。从地球漫长的历史来看，2017 年和 1066 年基本上是同一时刻。把地质年代按比例从头到尾画在一张纸上，整个人类的经历就在你最后一笔的宽度之内。从地质学上讲，人类从非洲散布开，到定居在新月沃土，到古典时期、工业革命，乃至太空时代——这一切都发生在当下。

深时其实深不可测。它的整个纪年跨度长达数十亿年，它的每个地质年代也动辄跨越数亿年。白垩纪持续了近 8000 万年，但只占地球历史的不到 2%。与时间的抗衡是人类崛起过程中一场史诗般的斗争，把它从岩石中发掘出来，然后切分成可以理解的小块，这一成就不亚于自然史上的 $E=mc^2$（爱因斯坦提出的质能转化公式）。地质时间尺度看起来很简单——一堆矩形嵌套在矩形中——但其意义在于，这是一项伟大的科学成就，而且还是人类付出了巨大代价从地球内部提取出来的。

就其本身而言，大地的产物没有诉说任何故事。保存在地球编年史中的奇妙故事，在人类发现了深时之后才首次向我们揭开了面纱。没有深时概念之前，人们也曾搜集岩石、化石，那时候没有地质学，没有古生物学，关于石头和化石，不存在任何科学研究。在漫长的地球发展史中，除了最近的一段，即智人出现这一段，此前所有的历史篇章其实一直都在那里，等着我们去阅读，等待我们成长为一个懂地质学的物种。年轻地球创造论的存在，在很长一段时间里阻碍了人们对岩石记录进行任何连贯的解读。我们被神秘主义以及对当下的认知偏见蒙蔽了双眼，直到近现代，我们还坐在自己的小树枝上，完全不知道下面存在的那棵大树。最终，在 19 世纪末，一位你可能从未闻其名的人写下了这样一段文字："地球没有展示给我们任何开始的痕迹，也没有任何结束的征兆。" [30] 事实证明，我们的历史过去有一个过去，那个过去也有一个过去，以此类推。突然，世界似乎变成了一个完全不同的地方，我们在上面的位置也变小了。

伴随着这句话以及两卷著作，詹姆斯·赫顿（James Hutton）向我们提出了"深时"的概念。[31] 赫顿受过启蒙运动的熏陶，原本是一名医生，后来成了一个具有先锋性的农民。他花了数年时间，穿越苏格兰崎岖的山巅、荒野和遍布岩石的海岸，执着地寻求一些最简单问题的答案：是什么造就了山体、悬崖、岩石与土壤？在一项地质调查中，他以斯坦诺四定律为基础，正确地推断出导致北海海岸西卡角（Siccar Point）的砂岩层沉积、横切和隆起的一系列复杂变化。[32] 对此，赫顿提出了卓越的见解，认为这座令人印象深刻的地质大厦，以及整个景观，都是普通的、日常的、缓慢作用的过程所造成的：沙粒在微风中盐化，波浪日复一日地拍打，潺潺的小溪不断地流淌，雨滴永不停歇地敲击……然而，温和的过程如何能够移动山脉，填满洼地，塑造海岸线呢？时间。只要有足够的时间，海浪毫无感觉的拍打、河流数十年的流淌、被风吹来的沙粒不断落下，以及其他自然劳作的微妙行为，最终都能产出实际成果。但这需要很长很长的时间——深时。地球很古老，这就是关键所在。赫顿在他 1795 年出版的杰作《地球理论》(Theory of the Earth) 中，[33]赋予了我们的星球移山造海的力量。创造了这个世界的，不再是天上某个神灵，而是地球寻常的、缓慢的运动，而且最关键的是，这个可观察到的现象，今天还在继续。这不是由无数目不识丁的先人口口相传的传说，这也不是一个关于太空中神性超人的故事，这是一个可以在科学的熔炉中被认识、研究和解构的造物者。

我们今天看到的世界只是地球当今的模样，地球也有许多过去的世界，每一个世界都曾留下了岩层和线索供人类去发现：这里有一块恐龙股骨化石，那里的山顶露出了古代海底的岩石。每一个线索都能嵌入一个超乎想象的宏大故事中，这个故事可以追溯到人类、恐龙、大陆甚至生命之外。

只有先前的世界将遗落下来的痕迹展现给我们，在我们能够把握深时那惊人的尺度之后，这些线索才展现出它们的意义。

起源神话的共同点是：创造的过程不是今天发生的过程。房子已经盖好了和房子有人住了，这是两个不同的事情。住在这座房子里，我们几乎无法推理出房子是如何建造的。如果你对此类实物尚具眼力，你肯定能辨别出一些房屋建造的方法，比如 2 米 ×4 米的框架结构和梁柱结构等。但建造者的身份和故事就永远地湮没了。造房子的时候是否有过争吵、受伤、成本超支或物资短缺？当时是什么季节？天气怎么样？建筑工人按时完工了吗？这个项目盈利了吗？除非你参与建造了你住的房子，否则你可能无法回答这些问题。链条已经断了。

在与过去没有任何联系的情况下，观察自然可能也有其乐趣，但它与神奇的初始时刻没有任何关系，在那一时刻，苍穹凝聚在一起，创造了我们的世界。如果地球是个年轻的星球，这种不连续性就能讲得通。如果地质记录真的不到6000 年，那么地质演化的过程就不会受到时间的影响，导致重大的变化。看看你周围的世界，在一个年轻的世界里，山脉、海洋、河流、森林和动物一定都是突然形成的。没有时间允许其他场景的发生。

假设你原本真的相信帝国大厦的高度不超过两枚硬币的厚度，然后再想象一下，当你发现它实际上有 443 米高时，你的精神会受到怎样的冲击？绘制地球历史的画布不再是邮票般大小，而是像足球场那样大！如此一来，就不用要求一切都是立即发生的。上帝花了 6 天造物的神话，变成了亿万年的无意识雕刻，是无意识的世界在塑造自己。事实证明，造物主就在我们身边，每天我们都能看到：溪流、风霜、海浪、冰雪、雨水，到了近现代，我们认识到，还有地壳下缓慢

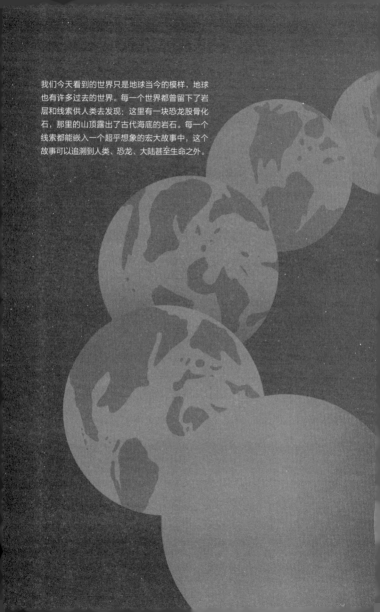

我们今天看到的世界只是地球当今的模样，地球也有许多过去的世界。每一个世界都曾留下了岩层和线索供人类去发现：这里有一块恐龙股骨化石，那里的山顶露出了古代海底的岩石。每一个线索都能嵌入一个超乎想象的宏大故事中，这个故事可以追溯到人类、恐龙、大陆甚至生命之外。

滚动的地幔，以及地壳板块难以察觉的伸展和滑动所产生的作用。

就像许多科学革命一样，赫顿的研究最初几乎没有产生什么影响，只不过是引来了一些著名批评者的抨击。他的《地球理论》是由两卷内容组成的巨著，读者要想从他对地球和时间的本质揭示中获得丰厚的收获，就必须耐住性子阅读晦涩难懂、错综复杂的段落。在撰写这部巨著时，赫顿已经重病缠身，没有精力和时间为自己的观点辩护。灾变论的追随者很快就开始攻击他的研究成果，而且毫不留情，还颇为有效。1797 年，赫顿去世后，他的朋友、数学家约翰·普莱费尔（John Playfair）为赫顿的理论进行了激情辩护。[34]但是到了 1813 年，年轻地球创造论的支持者针对赫顿的理论写了令人信服的辩驳作品。[35]

赫顿去世 8 个月后，住在苏格兰的弗朗西丝·莱伊尔和查尔斯·莱伊尔家，一个婴儿降生了。赫顿曾到过这个山谷，那里有花岗岩的侵入脉，周围环绕着沉积岩，这给了他最好的证据，证明来自地下的热量会激发向上的力量，这种力量可以让地壳充满活力。在这个展示地质构造秘密的环境里出生的婴儿，长大后拥有了灵活的思维和精细的观察技巧。然而，他也从一些知名人士那里了解到，赫顿的作品是一派胡言，他接受了灾变论者的观点。

查尔斯·莱伊尔（Charles Lyell）的儿子也叫查尔斯·莱伊尔，在苏格兰和英格兰长大，后就读于牛津大学，表面上是为了学习法律，然而他的思想不可阻挡地受到自然界的吸引，地质学很快就成了他钟爱的学科。他知道詹姆斯·赫顿，但仅限于知道他是人们嘲笑的对象。在牛津大学，教他地质学知识的教授是威廉·巴克兰（William Buckland）——英国第一位学院派地质学家，也是一位热衷相信灾变学说的人。巴克兰认为，挪亚时代的洪水是一系列灾难中距离我们最近的。在他看来，这一点再明显不过了：

"在一个并非遥远的时代，发生过一场全球性的洪水，即使我们从未从《圣经》或其他权威人士那里听说过这样的事件，地质学本身也会帮助我们认识到，这样的灾难确实发生了。"年轻的莱伊尔受到他尊敬的导师的影响，加入了灾变论哲学的阵营。

1819 年，莱伊尔从牛津大学毕业，搬到伦敦学习法律，但是他又一次受到石头和化石的引诱。不久，他开始周游欧洲，想亲眼看一下自己在科学报告中读到的东西。回到英国后，他拜访了外科医生兼狂热的化石收藏家吉迪恩·曼特尔（Gideon Mantell），他在伦敦以南大约 40 英里的库克菲尔德镇的一个采石场里发现了奇怪的大骨头。莱伊尔参观了怀特岛，看到白垩纪的海洋地层高高地耸立在海面之上，这是隆起的证据。他去了巴黎，那里的淡水沉积层和咸水沉积层交错出现，让他感到惊奇，这些沉积物看起来似乎不是由突然的破坏造成的，而是由环境的温和变化造成的。灾变论无法解释这一点，但赫顿的周期论可以。也许，正是这一观察促使他回到苏格兰，在那里，他观察到了淡水石灰岩的形成过程。灾变论者声称所有的石灰岩都来自过去的时代——过去和现在的过程之间的联系已经断裂。

随后，莱伊尔拜访了赫顿的密友兼爱丁堡大学教授詹姆斯·霍尔（James Hall），他是极少数尚在世的赫顿支持者之一。霍尔带莱伊尔乘船去了西卡角——就像 35 年前赫顿带他去一样。岬角露出地面的岩层，一定动摇了莱伊尔对灾变论哲学的信心。就像任何准备离开一个宗教派别的人，或是发现了恋人的黑暗真相，或是发现自己心目中的英雄其实是个恶棍的人一样，莱伊尔的世界观需要进行 180 度的大转变；这个转变需要他背离自己的身份所依赖的观念。这些是人类发现地球远古历史的幸运时刻。就在莱伊尔开始认真思考赫顿有关深时的异端观点时，一些英国自然学家开始意识到，曾经有一种已经灭绝的巨兽在我们的星球上游荡。无意间，我们开始发现地球上的恐龙。一开始，周围的景色很模糊，似乎是陷入了迷雾，稍后，雾散了，露出了原本一直在那里的东西。

# 第六章

# 达尔文与均变论

对第一批恐龙标本进行的科学研究并未引起震动。博物学家们对恐龙解剖结构的规格和奇异特性感到困惑，而公众对于这些英格兰林地中出土的怪物一无所知。

1822 年，英国医师吉迪恩·曼特尔及其夫人玛丽·安在距伦敦 60 英里的库克菲尔德附近的蒂尔盖特森林收集到一小部分大型牙齿化石。[36]吉迪恩虽然是一位优秀的博物学家，对此却无法辨识，他的日志上记录道，自己"并不指望能够阐明其性质"。英国的各方权威宣称其为鱼类或哺乳动物的牙齿。曼特尔的友人查尔斯·莱伊尔携带若干牙齿前往法国，在某个巴黎社交晚会上，他将一些标本拿给著名法国博物学家乔治·居维叶看，后者宣称其为犀牛牙齿。曼特尔本以为这些牙齿看似属于爬行类动物的，从莱伊尔那里得知居维叶的否定判断后感到很气馁。即便大多数人都认为此事已盖棺定论，但曼特尔对此并不以为然。他怀疑这些牙齿与其发现的大型骨骼有关，在他看来，那些骨骼按照林奈生物分类法应属于蜥蜴类或者鳄类。（该分类包括蜥蜴类、蛇类以及鳄类、翼龙类、恐龙类等远古爬行类，目前已甚少运用。）

其间，威廉·巴克兰已从距牛津 12 英里的斯通斯菲尔德采石场工人处得到若干大型骨骼。这些遗骸残缺不全：带有单个牙齿的部分下颚、两块脊椎骨、部分骨盆、两根肋骨、一块脚趾碎片，都来自不同个体，并不能从中做出清晰的判断。巴克兰相信，他用这些骨骼可以拼合出某种远古大型爬行动物。1824 年 2 月 20 日，他将其研究成果提交伦敦地理学会。巴克兰将此巨兽命名为斑龙（巨齿龙），意为大蜥蜴，他是那么认为的。

或许此事激励了曼特尔，他将其得到的神秘牙齿再次送交居维叶，请求重新验证。这次居维叶认可了曼特尔（的判断），他写道：这些牙齿属于蜥蜴类。在巴克兰首次公布自己发现斑龙近一年后，曼特尔在颇具权威的伦敦皇家地理学会大胆宣布了其论断。曼特尔将这种远古蜥蜴命名为禽龙，因其牙齿类似于仍存活的鬣蜥。

至此，恐龙的存在仍不为人知，并且将继续在历史迷雾中沉寂近 40 年之久。巴克兰和曼特尔眼中的巨蜥实际上都是恐龙，这两位化石收藏家无意间用科学名称表述了最初的两种恐龙。

曼特尔发表其关于禽龙的论文 6 个月后，[37]年轻的查尔斯·达尔文入学爱丁堡大学，并选修了赫顿的老对手罗伯特·詹姆森（Robert Jameson）的地质学课程。达尔文在那儿被反复灌输全套守旧的灾变论和年轻地球创造论。詹姆森甚至带达尔文去看赫顿最重视的一些地表岩层，在赫顿的领域内嘲笑这位已故的地质学家。达尔文对此深信不疑，还定期出席维尔纳协会集会，投身于灾变论世界中。

其间，莱伊尔游历革命后的法国南部，他在那里看到清晰呈现地壳抬升和周期性的火山玄武岩与河砾石的（交）叠层结构。当向南去往意大利，莱伊尔的观念完全转变了。在临近那不勒斯海岸的伊斯基亚岛上，他发现海岸剧烈抬升的例证：悬崖高处发现了贝壳层。这种情况不应该发生。造山运动的过程被认为处于另一世代，却在此地出现了。旧有理论是错误的，他在最著名导师处学到的地质学理论是错误的。莱伊尔意识到：地球是有生命的。地质学不仅是过去之事，而是正在发生之事。在一封写与家中姐姐的信中，他难掩兴奋之情："我要令举世皆知，自地中海地区有人居住以来，当地人所称的伊斯科希克岛已整体从海平面抬升了2600英尺。"他继续在地中海地区游历，强化了自己对于地球的认知：地球今天的运动与其过去具有联系，其线索仍然存在；地球历史是连续的、可知的。

莱伊尔迫不及待地发表了其关于地球（进化）的新理论。1830年7月，他出版了《地质学原理》（*Principles of Geology*）第一卷，试图以目前地表运动为参考，阐明其早期演变。在其著作中，莱伊尔对赫顿高度赞扬，称其是"以自然作用力阐释地壳早期演变"的第一人。莱伊尔写道："赫顿的理论与地球早期演化均由缓慢作用力所引发的原理相结合，可谓振聋发聩。"莱伊尔的观点凭借严谨逻辑、典雅表达而大行其道。他如其他地质学者那样，继承与发展了赫顿的未竟事业。其开放思想所造就的论断为大多数人所接受。通过其三卷本巨著，莱伊尔实质上终结了基于《圣经》的地质学理论，并且铸造出现在与过去牢不可破的联系。

哲学及科学史学者威廉·惠威尔（William Whewell）在英国《文学与政治》期刊上评述莱伊尔著作时，称莱伊尔为"均变论者"，称其反对方为"灾变论者"（惠威尔以擅长造新词著称，亦是"科学家"这一名称的首创者）。随后，这些名称得以固定下来，如今均变论成为地质学与古生物学的基本原理，而且经常与"现在是了解过去的一把钥匙"一同出现。

第二年夏天，当莱伊尔正致力于撰写其著作第二卷时，22岁的达尔文收到皇家海军探测船贝格尔号的邀请，成为其在环球航行期间的舰上博物学家。[38] 这给游手好闲的年轻达尔文的生活带来了激情。他的父亲曾斥责其"除了猎鸟、跑狗、捉兔外无所事事，并且将给自己和家庭带来耻辱"。或许达尔文也正在寻找重新开始和证明自己勇气的机会。[39] 最初的反对在达尔文叔父的斡旋下转为默许，而达尔文抓住了这一机遇。

为准备此次航行，达尔文开始储备更多的地质学知识。他参加了牛津大学地质学家亚当·塞奇威克（Adam Sedgwick）穿越威尔士山脉的科学考察。塞奇威克醉心于野外考察，如同时代其他人一样也是灾变论者，认为世界产生于近期相互关联的一系列灾变，并以大洪水告终。[40] 毫无疑问，达尔文与塞奇威克相处的这段时间强化了这位年轻的博物学家关于年轻地球由上帝创造的观念。

达尔文在出发之前收到了船长罗伯特·菲茨罗伊的礼物：查尔斯·莱伊尔的《地质学原理》第一卷。[41] 贝格尔号于 1831 年圣诞节的第二天起锚离开英格兰德文波特港。圣诞之夜的狂欢使相当一部分船员倒下了，打乱了他们前一天的动身计划。20 天后，贝格尔号停泊在距非洲西北海岸约 400 英里的圣地亚哥岛（属于佛得角群岛）。

达尔文渴望去探索并立即徒步出行。他游览了普拉雅小镇，吃新鲜橙子并品尝了他并不喜欢的香蕉。在返回的长路上，达尔文徜徉于异域风景中，生命中首次充满了兴奋之情。"我回到岸边，"他写道，"踩在火山岩上，听到未知鸟类的叫声，看到新生昆虫在新开的花朵上飞舞。对我而言，这是闪耀的一天，就像盲人有了视力。"[42]在接下来的三个星期里，他将花时间探索这个岛。圣地亚哥岛的风景很荒凉，但没关系。"哦，对任何一个只习惯于英国风景的人来说，"他写道，"一片完全贫瘠的新奇景象反而具有一种宏伟的气势，更多的植物可能会破坏这种气势。"[43]他一定觉得自己像个真正的博物学家。这是一个重塑自我的机会，表明自己不是父亲眼中的懒散之人。他一定觉得自己像个成年人，第一次踏上了人生道路。

随便问一个地质学家，他都会告诉你，进入一片没有植物的土地是怎样的一种狂喜之情。达尔文作为一位地质学家也不例外，他写道："这个岛的地质是其自然史中最有趣的部分。"[44] 达尔文与莱伊尔在伊斯基亚岛大开眼界的经历惊人地相似，他们都观察到"在一个海崖的表面上有一个完美而水平的白色带"悬于海面上大约 45 英尺的地方。为了看得更清楚，他还爬了上去，看到了"许多嵌在里面的贝壳，像如今存在于邻近海岸的贝壳"。[45] 贝壳层从上到下被熔岩层包围着。达尔文指出，贝壳层最上层的几英寸已经被熔岩的热量烤成坚硬的岩石（我们如今这样称呼它）。

达尔文探索圣地亚哥岛之前或期间的某个时候，就已经接纳了莱伊尔书中的观点。当他考察此处露出地表的岩层时，他看到了其运动周期和抬升的历史，看到了地球在不停地运转。他从詹姆森和塞奇威克那里学到的地质学知识无法解释这一点。海洋生物在海底的火山岩架构上繁衍生息。海平面下的贝壳被熔岩流掩埋和炙烤。随后，整个区域抬升为 45 英尺的海崖。[46] 达尔文认为不必用"奇迹"来描述这一地表现象。他开始以莱伊尔的观点诠释这片岩石。他认为，这些地球历史的篇章是由现存的原因和时间的缓慢作用力所写就的。

面对相反的证据，达尔文能够敏捷地转换其根深蒂固的观点，这让我们看到其敏捷灵活的思维。他对圣地亚哥岛岩石激进甚至亵渎神灵般的解读，预示着其具备成为一名科学家的最大品质：愿意相信证据，无论证据可能指向何方。当贝格尔号启程前往南美时，达尔文细致思考了所看到的一切及其自身的改变，他在日记中写道，这些记忆"永远不会从我的脑海中抹去"。

1832 年 7 月 20 日，贝格尔号驶离乌拉圭海岸，驶近拉普拉塔河口。就在此时，英国蒂尔盖特森林中的采石场工人点燃了装在粉砂岩峭壁上的火药。当爆炸的灰尘散去时，矿工们注意到一些奇怪的东西：一堆乱成一团的骨头嵌在岩石中。消息传到了吉迪恩·曼特尔的耳朵里。他认出这是另一只最为完整的大型蜥蜴。但这个标本显示出惊人的特征，无论是在与斑龙还是与禽龙有关的骨骼上都没有发现——它有宽大的板甲和可怕的尖刺——一种身披铠甲的巨蜥！曼特尔将这种新生物命名为"披甲森林蜥蜴"。这是其命名的第三只不为其所知的恐龙。

1832 年秋天，达尔文在乌拉圭蒙得维多收到了一个包裹，里面装着莱伊尔刚刚出版的《地质学原理》第二卷。毫无疑问，达尔文定是满怀期待地研读了一番。在达尔文穿过南美洲最南端的麦哲伦海峡，航行于巴塔哥尼亚附近之前，他实际上是在转述——甚至是"剽窃"莱伊尔的观点。达尔文在航行中的贝格尔号上思考海峡的产生，写道："我们必须承认，年复一年，潮起潮落，只有在巨浪的作用下才能侵蚀出如此巨大的区域。"他显然是从《地质学原理》中引出这段话的："努力去思考在不知不觉中淹没整个陆地所需要的无穷时间，人们的想象可能会枯竭到令他们难以忍受。"

达尔文现在是一个激进的均变论者，一个深时福音论信徒。在南美西海岸旅行时，他给表哥威廉·达尔文·福克斯写了封信，后者是一名牧师和业余博物学家。信中表示："我已成为莱伊尔观点的信徒，在美洲从事地质学研究时，我甚至某些方面比他走得更远。"[47] 多年以后，莱伊尔去世时，达尔文对他进行了讴歌，并写道："他彻底改变了地质学，因为我还记得一些前莱伊尔时代的事情。我永远不会忘记，我在科学上所做的一切，几乎都归功于对他伟大著作的研究。"

达尔文自己已彻底改变了一个科学领域，为何还那么重视莱伊尔的成就？说来简单。莱伊尔——进一步说，詹姆斯·赫顿——迫使思维范式发生了转变，创造了达尔文构建新科学的思维空间。达尔文1859年的杰作《物种起源》牢牢地根植于均变论的知识体系中。达尔文对人类思想进步的开创性贡献——自然选择和普遍的共同进化——与年轻地球创造论格格不入。在一个有着 6000 年历史的地球上，从一代到下一代的变化将微乎其微。因为在灾变论的世界里，进化是一种软弱的力量，无法产生巨大的变化。没有了"凿子"和"锤子"，大自然就不可能塑造生物圈。由于物种是在一次集中的创造中固定下来的，所以其后续发展是一条直线。相比之下，达尔文提出的进化需要大量的时间——地质时间。莱伊尔所提倡的均变论——"现存因素的缓慢作用"——同样是地质或生物变化的驱动力。这就是达尔文所建立的、由哲学家丹尼尔·丹尼特（Daniel Dennett）所阐释的"任何人所拥有的唯一最好的想法"的基础。[48] 没有莱伊尔，达尔文就不可能成为家喻户晓的历史人物。

# 第七章

# 认识怪兽

1836 年 10 月 2 日，贝格尔号离开德文波特港将近 5 年后，在英国法尔茅斯抛锚停泊。达尔文离开时的世界已然改变。莱伊尔的《地质学原理》不仅使达尔文信服，也使其他许多科学家信服。巴克兰不再依赖大洪水，甚至连达尔文的老导师詹姆森这样的灾变论者，对赫顿和莱伊尔均变论的反对意见也开始软化。[49]

如果地球有着远古的历史，那么又发生过什么呢？随着人们对地球古老程度的认识不断加深，地质学和古生物学领域得到了更多的关注。巴克兰、曼特尔、居维叶和其他欧洲人的惊人发现引发了公众的想象。曼特尔在伦敦以南 50 英里的布莱顿开设了自己的博物馆，成为欧洲最著名的收藏地之一。50 岁的玛丽·安宁（Mary Anning）因发现了海洋爬行动物鱼龙和蛇颈龙的化石遗迹而闻名，[50] 她在英吉利海峡莱姆里吉斯海岸经营着一家颇受欢迎的岩石和化石商店——安宁化石仓库。游客们特别喜欢购买古老的菊石贝壳，为了补贴家用，她不停地从侏罗纪石灰岩悬崖上敲下贝壳来卖。绕口令"她在海滩上卖贝壳，她卖的一定是贝壳"就是关于她的。[51]

随着大众对化石兴趣的增长，1837 年，英国科学促进会委托解剖学家理查德·欧文（Richard Owen）编写了一份关于英国爬行动物化石的报告。1841 年 8 月，在研究接近尾声时，欧文前往普利茅斯向协会展示了他的研究成果。不过，他没有提到恐龙，他还没有"发明"它们。但在1841年秋天的某个时候，他有了一个惊人的发现。斑龙、禽龙和林龙，除了体型巨大之外，都有一个不寻常的共同特征：它们臀部内的椎骨，也就是它们的骶椎，是融合在一起的。他想，这是对陆地运动的一种适应。[52]欧文认为，这就是骶椎聚在一起的原因。[53]如果把这些体型庞大的爬行动物放在一起，它们需要一个名字。

他修改了自己的报告，并于1842年4月初发表了其研究结果，即《关于英国爬行动物化石的报告》。[54] "综合其特征……据推测，这将被认为是建立一个独特的蜥蜴群落或亚目的充分理由，为此，我建议将其命名为恐龙，意为'可怕的大蜥蜴'。在这个群落中，主要的和最确定的属是斑龙、林龙和禽龙——陆地上巨大的鳄类蜥蜴。"

恐龙正式诞生了。欧文从这三种巨大的动物身上看出了它们有别于其他爬行动物的特征。但为何为"鳄类蜥蜴"？斑龙、禽龙和林龙惊人的化石体量，为研究有史以来最令人敬畏的生物种群之一打开了一扇窗户。然而，作为解剖标本，它们的数量很少。欧文是一位杰出的解剖学家，但他拥有的遗骸化石如此之少，以至无法察觉恐龙与生俱来的活力和力量，使得它们与鳄鱼目动物有着如此显著的区别。[55]

人们不禁想知道欧文是否了解公众对恐龙的持久迷恋和热情。他很快就知道了。

斑龙、禽龙和林龙成为家喻户晓的名字。到1852年，恐龙的概念已经渗透到了维多利亚时代的思潮中，查尔斯·狄更斯显然认为读者会理解他所提及的斑龙，他在《呼啸山庄》中写道："无情的 11 月天气。街上到处都是泥，好像水刚刚从地面上退了下来似的。要是碰上一只长 40 英尺的斑龙，像一只巨大蜥蜴般摇摇晃晃地爬上霍尔本山，那可就不太妙了。"

1851 年，人们聚集在伦敦海德公园，观看世界各国工业品的盛大展览，其本质上是第一届世界博览会，它的核心是一座建筑——一座面积达 99 万平方英尺（约 91974 平方米）的水晶宫，展示了钢铁和玻璃制造业的最新技术成果。1854 年，当水晶宫从海德公园的临时展览场地搬到伦敦南部的永久场地时，在设计中增加了一座恐龙花园，里面有真人大小的雕塑——第一座侏罗纪公园。[56] 欧文将在解剖学上提供建议，最终建成品将充分反映他的观点。恐龙被描绘成野蛮、缓慢的爬行动物，在他心目中是"鳄类蜥蜴"。值得注意的是，这些雕塑至今仍然存在，已经成为世界各地恐龙爱好者的朝圣之地。我在写这本书的时候拜访了它们，发现它们都是迷人的过时物。斑龙就像毒蜥和水牛的爱子。栖息在它头上的鸽子看起来完全被它们庞大的侏罗纪表亲搞蒙了。林龙可以被描述为一种多刺的斜眼蜥蜴。禽龙看起来就是一场基因灾难，就像一条肥胖的鳄鱼和一头犀牛的结合物。（曼特尔把禽龙尖尖的大拇指误认为是角，欧文把这个错误延续到了它的重塑过程中。）

水晶宫的恐龙深受人们的欢迎。直到 19 世纪末，每年都有 100 多万人来参观这些从远古大陆归来的滴水兽雕像。它们是世界上被观看次数最多的科学展品。[57]

霍金斯的三维模型描绘了恐龙的外观。几十年后，位于爱丁堡的苏格兰皇家博物馆才展出了欧洲第一具恐龙标本，展示了恐龙骨骼的实际解剖结构。不过，展出的标本不是来自巴克兰或曼特尔的藏品，甚至也不是来自欧洲的化石；这些碎片太零碎了，无法形成一个合理的骨骼造像。是的，在欧洲展出的第一具恐龙骨架来自美国新泽西州。

1858 年，费城律师威廉·帕克·福尔克在新泽西州哈登菲尔德一个美丽的小村庄里避暑。在那里，他听到了挖泥灰（一种古老的肥料）的人从地里挖出大骨头的故事。他四处打听，并找到了地点。这是约翰·霍普金斯的一个农场，他告诉福尔克，大约 20 年前，前来寻找纪念品的人把这些骨头拿走了。霍普金斯对这类事情不太感兴趣，他对福尔克说，欢迎他随便逛逛。福尔克组建了一个团队，找到了杂草丛生的泥灰岩坑并开始重新挖掘。在向下挖掘了大约 10 英尺后，他们撞上了一层化石贝壳和骨骼——大骨骼。[58]这些故事是真的。

福尔克把这个消息告诉了附近费城自然科学院博学多才的科学家约瑟夫·雷迪（Joseph Leidy）。雷迪和他的队员也加入了发掘工作，并一直努力工作到秋天，总共找到一个生物身上的 49 块骨骼和牙齿。他们知道自己发现了迄今为止世界上最完整的恐龙骨架，都非常兴奋。

回到费城，雷迪开始记述这些骨骼。在他看来，这似乎是"一种巨大的食草蜥蜴"，他知道这与曼特尔发现的禽龙有关。[59]与英国那些支离破碎的恐龙不同的是，哈登菲尔德的恐龙相对完整。自从这些动物被发现以来，一直笼罩着它们的迷雾开始消散。可以肯定的是，雷迪对恐龙的看法仍然是模糊的，但这个标本开始解答欧文试图通过解剖搞清楚的迷惑。最令雷迪吃惊的是肢体骨骼的比例——上臂骨（肱骨）只有大腿骨（股骨）的一半长。这种动物不可能是欧文想象中的笨重四足动物，这个植食动物是直立的两足动物。雷迪将其比作袋鼠，后退直立着和尾巴之间形成一个三脚架。他所设想的动物与我们目前对这类生物的理解并不完全相符。但与欧文的"鳄类蜥蜴"不同的是，你能认出雷迪的植食恐龙，因为它有一种生命力和力量。

雷迪把这个新物种命名为 Hadrosaurus foul-kii，字面意思是"福尔克（Foulke）的大蜥蜴"，尽管我不得不相信这个名字既是人为设计的双关语，也是在向新泽西州的哈登菲尔德致敬。到 1858 年底，雷迪已经把他的新恐龙介绍给自然科学院的成员，建立了新世界第一只命名恐龙。

同年，本杰明·沃特豪斯·霍金斯（Benjamin Water-house Hawkins）移民到了费城，那里是恐龙古生物学的新中心。霍金斯对雷迪收集的鸭嘴龙骨骼感到惊奇，请求并被允许将每一块骨头都打上石膏。在欧洲的博物馆里，恐龙骨骼只是简单地摆放在盒子里供公众参观。对于那些没有受过解剖学训练的人而言，它描绘的只是一幅曾经存在过的生物的可怜画面。霍金斯梦想着创造出一尊鸭嘴龙骨骼的造像，向普通人展示它高耸的体型。

在他的工作室里，他开始雕刻每一块缺失的鸭嘴龙化石，包括整个头骨，这纯粹是猜测。他创造了一个电枢铁，将骨骼铸型安装在上面。在雷迪的引导下，霍金斯的鸭嘴龙与水晶宫恐龙形成了鲜明对比：前者是直立的两足动物，似乎随时准备行动。这是一种在其领地内机警、精力充沛的动物，而不是大腹便便、昏昏欲睡的鳄类蜥蜴。

发现鸭嘴龙的消息以及各大博物馆对此表现出的兴趣，使得哈登菲尔德附近的泥灰岩矿工们更加关注骨骼化石的出现。在19世纪余下的时间里，恐龙和海洋爬行动物的化石开始出现在新泽西州南部的许多白垩纪时期的泥灰岩坑中。

1866年，新泽西州巴恩斯博罗一个村庄十字路口附近的泥灰坑里，矿工们发现了一具大型食肉动物的骨骼。采石场负责人J. C. 福尔希斯允许雷迪的年轻门生爱德华·德林克·科普（Edward Drinker Cope）将这些骨骼带回自然科学院。科普查验了遗骸后，立刻认出这是一只食肉恐龙，与斑龙有亲缘关系。福尔希斯的挖掘者们已经找到了20多块骨骼和相关的牙齿。这是在北美发掘并记述的第一具食肉恐龙骨架。科普注意到它的前肢比后肢短。他想，这是另一种两足恐龙，和鸭嘴龙一样，只是这次是食肉恐龙。它体型巨大，臀部和一匹驮马一样高，有着强壮的大腿和有力的尾巴。它的牙齿扁平，呈锯齿状，嘴里塞满了牛排刀状利齿。科普说，其前肢末端是肉钩——3只8英寸①长的镰刀状爪子，"具有非凡的破坏性作用"。[60] 这是一个重达 1.5 吨的有腿食品加工机，一个沿着新泽西州古老的海岸线缓缓移动、充满活力的屠宰场。

毫无疑问，霸王龙（雷克斯暴龙）是最著名的恐龙。然而，它并不是唯一的霸王龙。目前已知有 20 多种恐龙属于暴龙目（林奈语），而福尔希斯的研究人员刚刚发现了第一种暴龙。科普将这种野兽命名为雷尔普斯，但事后发现，这个名字已经为一种微小的螨虫所有，11 年后，它被改名为伤龙（Dryptosaurus）。科普当然不知道

---

① 1 英寸约等于 2.54 厘米。——编者注

他是在给第一只被记载的暴龙命名。霸王龙的发现距今已有近 40 年的时间，而在科普的记述之后一个世纪，相关的食肉动物才被归类为一个超级家族。然而，第一只被记述的霸王龙并不是发现于崎岖不平的怀俄明盆地、多风的蒙大拿平原或南达科他州的荒地上，而是在新泽西州南部的桃果园和番茄农场中。

在伤龙发现两年后，霍金斯对他的鸭嘴龙雕像进行了最后的修饰，并于 1868 年在自然科学院展出。霍金斯的艺术再一次震撼了公众。这次展览非常成功，参观人数较之前的展览人数翻了一倍，恐龙热席卷美国。学院不堪重负，开始收取入场费来平息狂热，但毫无用处。最终，恐龙造像不得不搬迁到一个更大的新建筑（学院目前所在地）内，以满足公众对与恐龙共处一室的强烈渴望。受大众需求的鼓舞，霍金斯决定为普林斯顿大学、史密森学会和苏格兰皇家博物馆制作其轰动一时的鸭嘴龙复制品。

在鸭嘴龙被宣告发现后不到一年，查尔斯·达尔文出版了《物种起源》，这本书在科学史上的重要性无与伦比。直至今天，它仍然是所有生物学理论的基础。达尔文在这本书中煞费苦心地为自然选择的嬗变（进化）提出了详尽的论据。其理论基础的关键是认识到所有生物体种群中自然存在的多样性。达尔文出版论著时并不知道基因的存在，当时奥地利科学家奥古斯丁派神父格雷戈尔·孟德尔（Gregor Johann Mendel）正在进行实验，试图解开这个谜团。然而，达尔文认为，一定存在某种遗传机制，通过传递引擎，将性状传递给后代。他认为，那些能够将自己的特征复制最多的人最具生存适应性。达尔文借用经济学家托马斯·马尔萨斯（Thomas Malthus）的一个概念，推断出：在资源受限的环境中，种群中的变异将获得不同的成功。换句话说，自然选择就像一个筛子，过滤掉适应性不强的个体特征，让适应性更强的个体将更多的特征传播到未来。

自然选择作为成功而冷静的仲裁者，以这样或那样的方式推动种群数量改变。达尔文假设如果将一群个体困于孤岛，造成生殖隔离，它们最终会开拓出自己的进化历程，而与断绝关联的同类相分离。只要有足够的时间，它们便会生成自己的物种。他看到，这一过程会产生一个分支模式，一棵生命之树。然而，回顾这棵树，你看到了什么？正如达尔文说的那样，分支聚集在一起，物种减少到一个单一的树干——共同的血统。

现在这些碎片已经就位，为真正了解过去无数个曾经属于这个星球的世界提供了方便。赫顿和莱伊尔为我们描绘了一个古老的地球，一个足以让"现存因素的缓慢作用力"造就出周围自然景观的奇妙的古老地球。达尔文采用了这种均变论的观点，并将其应用于生物学中。在他看来，生活是一场宏大的斗争，是一场争夺资源的恶性竞争，而资源只青睐适应力最强的生存者。现在，人们将以这个视角来看待古生物学发现，化石物种代表了它们那个时代在未来竞争中获胜的物种。

到了 20 世纪初，达尔文的观点完全融入了我们对古代生活的理解。1897 年的一幅伤龙画像生动地说明了过去半个世纪所取得的进步。

在爱德华·德林克·科普临终之际，布鲁克林一位年轻的艺术家查尔斯·R. 奈特（Charles R. Knight）拜访了他。奈特想重建伤龙，科普同意向他提供建议，这将是他对科学的最后贡献。两人的合作产生了一个惊人的效果：恐龙第一次在世界上被视为充满活力、敏捷和高能力的生物。这幅名为《跳跃的雷拉普斯》（*Leaping Laelaps*，雷拉普斯是科普对伤龙的最初称呼）的画作描绘了一对伤龙进行殊死搏斗的场景。画中的防守方躺着，一排可怕的匕首般的爪子对准了狂暴的攻击方。攻击方毫不妥协，像弹簧一样蜷曲在空中，随时准备撕裂敌人的脏腑。与奈特和科普一起，达尔文很可能被认为是这部中生代杰作的第三位合作者。

在文明史的大部分时间里，人类一直认为自己是地球上神的眷顾者，是与动植物分开创造出来的；我们对所看到的一切带着与生俱来的统治权，将自己置于被造物的中心。但是，当我们开始仔细观察岩石构造，挖掘各种恐龙骨骼和化石时，我们好奇的对象从神秘变成了镜子。

通过发现深时、进化和共同血统，我们了解到这个星球并不是为了我们而存在的，而我们只不过是众多物种中的一员，每个物种的存在都极其幸运，极其偶然，都是深时无尽绵延中的微小分子。

《跳跃的雷拉普斯》是对恐龙预见性的描述，此类恐龙在未来一百年内都不复再现。这幅画充满了达尔文主义的人生观：生存是一场激烈而残酷的斗争。在奈特的场景中，显然会有一个赢家和一个输家，或者可能是两个输家。（我认为我们可以排除双赢的可能性。）无论如何，这两个个体将基因传递到未来的能力都岌岌可危。它们为何争斗？奈特留给我们去思考。或许是为求偶而战，或许为争夺领地，或许是为争夺森林地面上一具美味多汁的鸭嘴兽尸体。不管是什么原因，我们在这场争斗中看到的是现有因素的渐进功能无意识地推动着进化，使之朝着更适合自己的方向发展。

回顾几百年前人类的理念，赫顿、莱伊尔、达尔文不仅改变了我们对世界的看法，也改变了我们对自己的看法。难道地球不是为我们而造的吗？难道主权不是神赐给我们的吗？难道我们在这个星球上的地位不是命中注定的吗？我们真的不过是生命之树上一根刚刚发芽的小树枝吗？

一位 17 世纪的农民发现了一颗鲨鱼牙齿化石，他可能在思考一种神秘的力量，这种力量自在文明史的大部分时间里，人类一直认为自己是地球上神的眷顾者，是与动植物分开创造出来的；我们对所看到的一切带着与生俱来的统治权，将自己置于被造物的中心。但是，当我们开始仔细观察岩石构造，挖掘各种恐龙骨骼和化石时，我们好奇的对象从神秘变成了镜子。

通过发现深时、进化和共同血统，我们了解到这个星球并不是为了我们而存在的，而我们只不过是众多物种中的一员，每个物种的存在都极其幸运，极其偶然，都是深时无尽绵延中的微小分子。

发地创造出如此形状不凡的物体；或者他可能在脑海中默念了一小段祷词，感谢全能造物主的神奇杰作。但他不会看到与其关联的生物学线索。令人震惊的是，我们这个物种与地球上所有其他生物都有亲缘关系，但是在一个有 45 亿年历史的世界中进化了 38 亿年的物种，却坚信相反的观点。我们告诉自己，这颗行星是我们暂时栖居的住所，而我们是最近才被创造出来的，此外，我们是一种特殊的存在，被赋予了统治世间万物的权力。

到 19 世纪末，古生物学、地质学和进化生物学已经为人类理解自身和了解我们周围的世界开辟了一条新的道路。通过把人类从地球历史的舞台中心移开，我们开始把自己视为自然世界的一部分。对某些人而言，这种观点令人不安，自尊心受到伤害，与其诚挚的信仰格格不入。然而，对其他许多人而言，深时、自然选择的进化和共同血统的发现，带来了一种与所有其他生物同命相连的感觉以及一种卑微感。在不可思议的时间海洋中，我们整个物种不过是波浪上迸发出的一顶旋转的白色帽子，与数十亿转瞬即逝的生命一起，在短暂而闪耀的瞬间沸腾。

··  第八章

# 王　者

　　恐龙既微小又巨大。它们既神经质又凶猛，动作有快有慢。它们奔跑、步行、攀登、飞翔，[61] 有时会游泳；[62] 它们孤僻而又合群，夜行或昼出；它们肉食或植食，狩猎或逡巡；它们呈浅褐色、彩色、有鳞或有毛；它们的生存或限于局部或广布大地。恐龙是残暴的、温和的和两极分化的。它们生活在海滩、湖边、河边、红树林、蕨类植物地带、森林、沼泽、洪泛区和山坡上。它们具有惊人的适应性。

恐龙惊人的形状、大小、能力和行为的梯度证明了进化的力量。然而，它们不可能永远存在。这个世界并不是必须有恐龙的存在，正如世界不是必须有人类一样。我们都是大自然的畸形儿，人类这个物种每件事都必须按照自己的本性来安排。值得注意的是，同样的自然选择机制在深时中被逐渐放大，同时又被环境所改变，从而造就了恐龙和人类（的出现）。它们的故事不是我们的故事，但是进化的共同主题，比如效率、韧性、适应能力、竞争力和分散性，贯穿始终并与我们自己的经历产生共鸣。

尽管它们种类繁多，栖息地广泛，行为多样，丰富性和跨越时间的长度惊人，但人们还是愿意把它们统统称为"恐龙"。恐龙如何被灭绝？恐龙是温血还是冷血动物？恐龙如何繁育？恐龙抚育幼崽吗？恐龙有毛吗？要简单地回答这些问题是不可能的，因为除非我们用最广泛的概念来定义，否则现实世界中并不存在"恐龙"。

如今有 18000 多种鸟类，古生物学家已经记述了 1000 多种非鸟类恐龙。肯定还有很多，有些在等待被发现，而大多数已经被地球历史的"孪生掠夺者"——地质学和时间弄丢了。从目前我们所处的地位来看，恐龙生物多样性的真实状况永远无法揭开。即便如此，从远古时代的裹尸布下发掘出来的恐龙，仍构成了一个令人叹为观止的神奇动物群落，没有什么比极具魅力的流行文化中的霸王龙更引人入胜的了。

十年前，我受 BBC 广受好评的纪录片《与恐龙同行》(Walking with auraurs) 的启发，参加了在费城南大街一场盛大的竞技场表演的开幕式。[63] 场内拥挤着 15000 名狂热的粉丝，看上去像是一场布鲁斯·斯普林斯汀的演唱会，只不过一半的狂欢者身高不足 4 英尺，他们手拿棉花糖，而不是啤酒。这场耗资 2000 万美元的舞台剧结合了电脑动画、物理模拟动画和木偶戏，创造出一种令人印象深刻的真实体验。

演出结束后，我在后台看到，恐龙都有着复杂而微妙的细节。单独的鳞片，手绘图案，咯咯作响的皮肤褶皱，锯齿状的牙齿，以及似乎在回头看你的眼睛……这些元素结合在一起，给人一种与真正的恐龙共处一室的感觉。那里有腕龙、剑龙、牛角龙、鸭嘴龙及其幼崽、犹他盗龙、甲龙（仅从骨架上看，比我想象的要大），还有童年时的最爱——异特龙。是时候见识一下王者——霸王龙了。虽然我可能有点被明星迷倒了，但我确信自己没有看花眼。然而，在我面前若隐若现的不是一头而是两头霸王龙，尽管我确信只记得其中一头。我抓住木偶戏的负责人，问他为什么还有第二头霸王龙。他告诉我，额外的霸王龙花了 100 万美元制作费，"但我们需要它，它是救场的"。他解释说，如果其他演员中有一个中途退出，也不会让这部剧停播。没有霸王龙的情况呢？想都不要想。"那会出乱子的，"他说，"我们就可以卷铺盖走人了。"这就是世界上最受欢迎的恐龙。

1902 年，美国自然历史博物馆的著名收藏家巴纳姆·布朗（Barnum Brown）在蒙大拿州距今 6600 万年前的地狱溪地层（Hell Creek）中发现了霸王龙的骨骼。三年后，古生物学家亨利·费尔菲尔德·奥斯本（Henry Fairfield Osborn）发表了化石的标志性的名字（霸王龙），其意思是"暴君蜥蜴王"——有史以来最伟大的物种名称。

许多最著名的恐龙也是最早被发现的恐龙。异特龙和剑龙（都发现于 1877 年）、雷龙（1879）、三角龙（1889）、霸王龙（1905）、甲龙（1908）在流行文化中出现的时间比几乎所有其他恐龙都要早。我认为，这在很大程度上解释了它们的知名度和受欢迎程度。

然而，由于诸多原因，霸王龙也应该享有无与伦比的声誉，更何况，它还如此庞大！一头肥厚的霸王龙可能有八九吨重，从鼻子到尾巴尖有

45 英尺长。它有一双大眼睛和出色的视力，可以用棒球外场手的技巧计算出物体的距离。一项研究表明，霸王龙的视力是人类的 13 倍，甚至远远超过了现代鸟类猛禽，[64] 霸王龙的眼睛比鹰眼更优秀。霸王龙的头骨表明它拥有发达的嗅觉。在电影《侏罗纪公园》中，一动不动地站在霸王龙面前就足以避免它的注意。在白垩纪时期，当霸王龙还活着的时候，这种策略很可能会导致你被吃掉。如果你像雕像一样站在霸王龙附近，它会像猎犬一样闻到你的气味，然后吞掉你。它的嘴里塞满了 60 多颗牙齿，犹如 9 英寸长的刺肉匕首。古生物学家罗伯特·巴克（Robert Bakker）称它们为"杀手香蕉"。这种致命的武器装备由巨大的颚肌驱动，霸王龙拥有陆地动物最强的咬合力，可以撕碎猎物，咬碎它们的骨头，一口吞下一家肉铺的肉。它能抓到任何东西，可能还会搜寻到能找到的任何东西。霸王龙对食物一点也不挑剔，我们常能找到它们同类相食的证据。这不禁让人怀疑，到底是何种谨慎的"谈判"让雌雄霸王龙进行了交配。

很少有动物拥有足够坚固的盔甲来抵御霸王龙的撕咬。面对霸王龙的猛攻，蹲下身子是一个危险的提议，但逃命也同样危险。霸王龙奔跑速度很快。大多数关于霸王龙运动的研究表明，它的速度甚至可以超过奥运会上速度最快的短跑选手。那么，如果你最终在努布拉岛上被一头9吨重的霸王龙盯上了，你该如何求生呢？让我们看看。站着不动等于送死，你会被闻到。反击霸王龙？你死了。想跑赢霸王龙？你又死了。跳入水中？还是死。霸王龙会游泳。[65]飞走？死了。（你不会飞。）

等等，有一个策略可以让你活下来。人类相对来说比较灵活，可以在不到一秒钟的时间内转动身体。然而，霸王龙转身很吃力。在它45英尺长的身体上，有一大块东西远离它的重心。想象一下，你把一根电线杆扛在肩上，试着转动，角动量守恒定律会使这个过程变得非常缓慢。那么，如果霸王龙想从你身后把你抓走，像吃肉饼一样把你吃掉怎么办？做折返跑！当然，转身面对掠夺成性的霸王龙是一个可怕的景象。尽管这个选择看上去很糟糕，但试着用策略战胜这头野兽是你生存的最佳选择。我将在后面来检验这个假设。

霸王龙进化成巨型食肉恐龙证明了其捕猎能力。它仅仅存在于岩石记录中，就无声无息地证明了所有的物种——冰冷的蜥蜴、心烦意乱的哺乳动物、步履蹒跚的恐龙以及它们的同类从未逃脱过它的"魔掌"。对任何陆地动物而言，霸王龙的综合素质使它成为极其危险的生物。但不幸的是，它与陆地动物拥有了共同的领地。

但霸王龙的前肢是怎么回事？它们极小，萎缩，呈侏儒状，在一头公交车大小的怪兽身上长着不比你胳膊长的前肢。它们肯定是致命的缺陷（犹如阿喀琉斯之踵），是配不上强大统治者的附属物，是在无数网络及漫画作品中遭到普通哺乳动物嘲讽的二流肢体。"霸王龙讨厌俯卧撑。""高兴就好，你懂的……噢，不要紧。""霸王龙，史上最差劲的 DJ。""我就这么爱你。"一只霸王龙张开双臂对另一只说。"我看未必。"它情绪低落的同伴回答道。"你能把盐递给我吗？"一头霸王龙问另一头。"一头悲伤的雷克斯霸王龙，梦想着巨大有力的手臂，却够不到地上的神灯。一头霸王龙用一组可伸缩的深夜电视抓取器伸展着它的手臂，宣称自己是"不可阻挡的"。一头暴虐的蜥蜴国王，坐在宝座上，有点不舒服和孤独，不能擦自己的屁股。这简直是耻辱。

但如果我告诉你霸王龙弱小的手臂代表了它最强大的力量之一呢？如果我告诉你，它短小的四肢实际上是一种关键的适应能力，让它能够威胁到其周边环境，并主宰其生态系统，那会怎么样？这是真的吗？

是的，它能做到。这是违反直觉的，但如果

这些特征增强了个体的适应性，那么自然选择可能会增强看似有害的变化。例如，在最近的人类进化中，我们的下颚力量减弱，我们的牙齿、阑尾萎缩，以及失去皮毛保护层。就我们的野外生存能力而言，这些似乎不是积极的变化。但重要的是要认识到，适应自然的方式反映在能否成功繁衍上。为了理解失去某些能力如何能增强我们自身的适应性，我们可以看看霸王龙饱受诟病的前肢。

霸王龙的前肢与其身体的比例是否相称完全无关紧要。正如天体物理学家奈尔·德葛拉司·泰森（Neil de Grasse Tyson）说的那样，"宇宙没有义务让你理解它"。自然选择没有美感和幽默感，它不过是以适应性来衡量效率的无情仲裁者。增强体质有时是显而易见的选择（做一只跑得快的兔子），有时则不是（做一只没有腿的蜥蜴）。

为了说明这一点，我们可以看看视觉的进

化。触觉和味觉是最狭隘的感官，有用，但使用起来很危险，需要身体接触。其他的感觉——视觉、听觉和嗅觉——就像超能力：一系列的遥感设备从远处收集威胁和友好的信息。特别是视觉，已经被证明对生物体非常有益，以至它已经独立进化了 50~100 次。

视力是一种优势，即使很差的视力也能发挥作用，能帮助一个人保持平衡。例如，蓝指海星（Linckia laevigata）五个角的顶端都有眼窝。这种海星的原始眼睛没有晶状体，只能形成粗略的图像，相当于 14 个像素，[66] 却使海星能够辨别光线和黑暗，这是判断上升方向、确定一天的时间或寻找合适的藏身之处时的关键信息。重要的是，研究人员最近发现，蓝指海星的眼斑所形成的模糊图像，使它能够在被移动后，靠视觉的指引回到礁石栖息地，这是一种拯救生命的能力。对于蓝指海星来说，生活在一个昏暗模糊的世界里要比生活在完全黑暗的世界里安全得多。

但有时进化会使某一物种失明，剥夺其视力。怎么会这样？既然视觉如此有益，为什么自然选择会让一个物种失去眼睛呢？

我们在一些穴居动物身上看到了这种现象：它们完全适应生活在地下。对于生活在黑暗中的动物而言，眼睛却没有好处。蓝指海星的模糊图像使眼睛的微小优势值得拥有。然而没有光（的环境），眼睛也就没必要了。这是一个使用或舍弃的命题。在进化过程中，随着时间的推移，微小的变化会累积起来，产生巨大的影响。赌场能维持运营也是依赖于此。看起来你有均等的获胜机会，但你没有。每一款游戏都有一个内置的庄家优势，这与几次投注没有太大关系，随着时间的推移会让庄家赢（你输）。成功的关键是看你投注庄家还是投注表型[67]。

在最近的一项研究中，一组研究人员检测了盲眼洞穴鱼的视觉能量消耗。为了做到这一点，他们记录了穴居鱼眼睛和大脑视觉相关部分的耗氧量。[68] 盲眼穴居鱼消耗的能量比视力正常的同类少 15%。事实证明，神经细胞（神经元）和光感受性细胞特别需要能量。此外，墨西哥盲眼洞穴鱼（Astyanax mexicanus）不需要处理视觉信息，它的大脑要小得多，这也是一种节省能量的方法。虽然在特殊情况下拥有眼睛可能是件好事，但盲眼洞穴鱼表现得更好，它们失去了眼睛，反而保存了能量。在自然选择中，"使用或舍弃"是判断与身体各部分相关的成本、风险和收益的规则。

现在，你可能已经猜到这条规则适用于霸王龙的小手臂。它的祖先拥有更大更有力的武器，但这需要付出代价。制造大型武器需要能量，维护它们也需要能量。拥有大型武器也有风险，它们会造成前肢骨头断裂，组织出现病态。病菌不会感染不存在的手臂，癌症也无法通过不存在的四肢扩散。一双萎缩的前肢虽然没有消耗卡路里，但也不是毫无代价的（存在）。那么为什么还会有前肢呢？对于某些动物而言前肢是必要的。很难想象任何一种灵长类动物，包括我们自己，在没有一双功能良好的手臂的情况下，能够成功地完成灵长类动物所做的事情。显然，对于灵长类动物来说，拥有武器的好处超过了生长和维护它们的成本，以及拥有武器带来的风险。我亲身经历过这些风险。

我打出这些文字时，左臂固定着一根 9 英寸长的不锈钢条，外科医生用 9 颗大螺丝钉固定进我的前臂尺骨——这是我骑山地自行车时的纪念品。如果我生活在 19 世纪或更早的时候，也受了同样的伤，我的左臂很可能会出现萎缩，直至变得毫无用处，或者我很可能在受伤时死于休克或感染。从生物学的角度来看，携带武器并非没有风险。

现在想象一下霸王龙种群的祖先，它们像伤龙一样长着长长的前肢。当然，在这个群体中，存在着身体上的变异、不同的表型。在这些差异中，有的前肢比大多数人的稍长或稍短。随着时间的推移，进化青睐于四肢较短的品种，同时也淘汰了一部分。其结果就是霸王龙，身材魁梧，牙齿凶狠，大腿粗壮，全身金光闪闪，但前肢纤细，两根手指尖尖的，仿佛在噩梦中加入了一点喜剧元素。

霸王龙是最具标志性的恐龙，它的咬合力是有史以来陆地动物中最强的。与人们的直觉相反，它的力量来自它那被嘲笑的小武器。事实证明，手臂肌肉与颈部肌肉会争夺肩部的附着空间。强有力的咬合力需要一个大脑袋，也需要脖子的强壮肌肉来支撑。这是一个零和的局面——前肢太壮，咬合力就不够。

但是为什么霸王龙祖先的长前肢在竞争中处于劣势呢？南加州大学的古生物学家迈克尔·哈比卜（Michael Habib）指出，即使拥有相对较长的前肢，像霸王龙那样的食肉动物也无法用爪子够到自己的嘴巴。他表示，"（霸王龙）可能在霸王龙是最具标志性的恐龙，它的咬合力是有史以来陆地动物中最强的。与人们的直觉相反，它的力量来自它那被嘲笑的小武器。事实证明，手臂肌肉与颈部肌肉会争夺肩部的附着空间。强有力的咬合力需要一个大脑袋，也需要脖子的强壮肌肉来支撑。这是一个零和的局面——前肢太壮，咬合力就不够。

狩猎时甚至看不见自己的前肢"。[69] 由于没什么用处，"使用或舍弃"规则开始生效，霸王龙的前肢开始萎缩。令人意想不到的是，这可能为霸王龙成为最可怕的恐龙打开了一扇门。

霸王龙拥有陆地动物中最有力的下颚，强健的下巴需要巨大的下巴肌肉连接到大脑袋上。巨大的头部需要强有力的颈部肌肉来支撑。哈比卜指出，颈部肌肉和前肢肌肉相互竞争，争夺胸部和肩部骨骼上的肌肉附着空间。[70] 如果没有足够大的颈部肌肉来支撑大的头部，霸王龙将失去其最致命的武器：毁灭性的撕咬力。因为巨大的前肢对它不是必需的，权衡得失的可能结果是：一组萎缩的前肢肌肉和一组膨胀的颈部肌肉。随着霸王龙前肢的萎缩，它的咬合力变得越来越强。没错，霸王龙不会做俯卧撑，不会接电话，也不会戴帽子。但它可以一口咬碎一只重达两吨的鸭嘴龙的头骨。也许现在你再看到这些"小武器"时，因为它们使得恐怖的咬合力成为可能，所以不再显得滑稽可笑了。

霸王龙的故事告诉我们，小事情很重要，即使你很庞大。就像赌场依赖于把赔率设定得对自己有利一样，拥有短小前肢的霸王龙所获得的微小益处，赋予它们无与伦比的破坏力。它提醒我们，强项和弱项可能是成双成对出现的，如同一个子宫里的双胞胎。[71] 有一种消极抵抗，看似在示弱，却能建立起一种道德力量，这种力量能阻止坦克，推翻政府。世界各地的独裁者害怕示弱的抵抗是有原因的。它在适当时机会迅速扩大。绝食抗议、静坐抗议和无声的抗议可能会产生双重的示弱力量，一种可以像霸王龙一样凶猛反击的力量。

# 第九章

# 胜利者

尽管霸王龙的实力令人惊叹，但它并非独一无二。每一种恐龙都是一个成功的故事，是一个战胜困难的故事，是一个取得胜利的故事。每一种恐龙都拥有一套前所未见的属性，这使得它们能够在自己的世界中开辟出一片天地。每一种恐龙都是由自身力量进化而来，它们从生命诞生之初就存活了下来，历经了近 40 亿年的进化，尽管面临着来自其他物种的生存竞争，以及这个星球的变迁。在非鸟类恐龙统治的 1 亿 6500 万年间，每一个陆地环境都发生了巨大的适应性变化。一旦我们着眼于深时和进化，其结果将会令我们震惊不已。

埃及棘龙，是一种和霸王龙一样长的恐龙，有鳄鱼般的头骨，长长的钩状臂，还有一条6英尺长、一直延伸到背部的背棘。它是一种鱼食性动物，在北非古老的红树林海岸蜿蜒蔓延的潮汐通道中觅食。2014年的一项研究假设它是半水栖动物，平足，可能有蹼，有助于推动它在水中前进。[72] 它的头骨前部有许多细小的神经开口，这表明它有一个像探针一样敏感的鼻子，鼻孔向眼睛缩回一半。这些特点使它完全适应了在泥泞的潮汐溪流中闲逛觅食。研究人员推测，棘龙的四肢长度大致相同，这是一种适应划水的动物，而在陆地上棘龙是用四肢行走的，不像其他食肉恐龙。芝加哥大学的古生物学家保罗·塞利诺打趣说："它就像水鸟和鳄鱼杂交的产物"。[73]

安祖龙（Anzu wyliei）是一种偷蛋龙，它是由在北达科他州和南达科他州的荒地上发现的三个标本拼凑而成的。[74] 它站起来和人一样高，还长着华丽的羽毛。它用锋利的爪子和没有牙齿的喙——像一对切肉刀一样合在一起——威胁着古老的达科他湾。"它的样子像魔鬼，不难想象安祖龙会在侏罗纪公园的厨房里吓到孩子们。"这份记述的主要作者、匹兹堡卡内基自然历史博物馆的马修·拉曼纳说，他把安祖龙称为"地狱里的鸡"。

已知始祖鸟是最古老的鸟类，来自德国和西班牙侏罗纪的湖泊沉积物。然而，装饰年轻得多的安祖龙的羽毛并不是始祖鸟或其他鸟类传下来的，它们是从侏罗纪鸟类之前的非鸟类带羽毛恐龙身上继承而来。羽毛的首要功能不是飞行，似乎主要用于隔热。由于外部世界失去的能量作为热量无法用于动力增长，随着恐龙新陈代谢的加快，隔热变得更加重要。[75] 对某些恐龙来说，柔和的羽毛提供了必要的热屏障。但是像安祖龙这样的非鸟类恐龙进化出了第二种羽毛：羽翈羽毛。在鸟类中，这些羽毛是飞行所必需的。但是对于像安祖龙这样的行走恐龙来说，它们有什么作用呢？

研究非鸟类恐龙现存的近亲——鸟类和鳄鱼——的视力可以提供线索。它们的眼睛包含四套颜色感受器，接受红光、绿光、蓝光和紫外光。这是陆地脊椎动物的祖先状态。相比之下，人眼只能看到前三种光。对我们来说，没有比蓝光更蓝的了。在中生代漫长的夜晚，我们失去了这种能力，当时我们的鼩类祖先采用夜间活动的方式来躲避饥饿恐龙的锐利目光。在他们光线昏暗的世界里，"使用或舍弃"的规则削减了多余的受体，我们失去了看到紫外线的能力。

一些鸟类拥有出众的色彩视觉，它们的羽毛异常鲜艳，这并非巧合。这里要提到羽翈羽毛的第二个作用。柔和的羽毛是很好的隔热材料，但它们无法形成一个连贯的反射光线的表面，不能产生彩虹般的微光，这种微光在紫色的椋鸟身上跳跃，照亮孔雀令人震惊的蓝色脖子，把蜂鸟变成闪闪发光的花园装饰品。这些大自然的特殊效果是由光滑的、相互关联的羽翮羽毛表面产生的。这些羽毛被认为在飞行功能进化之前就已存在。当它们出现在非鸟类恐龙身上时，其主要功能一定是产生绚丽的色彩。具有辨别能力的恐龙眼睛很可能已经很好地适应了求爱信号的电子色调，或表示威胁的鲜红色闪光。羽毛后来又获得了另一种功能——飞行，这是由鸟类进化而来的，但对安祖龙和其他有羽毛而不会飞的恐龙而言，羽毛仍然是它们生存的关键优势。

到目前为止，我们一直在讨论食肉恐龙，还有些恐龙擅长防御。举例来说，甲龙的某些特征可能会让坦克指挥官弗克拉姆特感到不快。甲龙身长 20 英尺，盔甲厚重，具有毁灭性的反击能力，除了最疯狂的侵略者外，它能抵挡其他所有的侵略者。甲龙的身体比例让人想起美式足球的后卫。它的腿相对较短，躯干较厚，较低的重心能承受 13 吨重的身躯，使得这种矮胖的食草动物很难被敌人打倒。它的背部布满了骨皮（铠甲），就像垫肩一样。它的大脑和颅感觉器官由一顶厚厚的骨头头盔保护。甲龙的头骨没有显示出兽脚亚目恐龙和蜥脚类恐龙头骨所具有的透气特征，相反，它们拥有通向外部世界的最少开口——嘴巴、眼睛和鼻孔，以维持生命。它的头像一个扁平的海龟头骨，这是在相似的选择压力下进化收敛的一个例子。甲龙的髋骨（髂骨）向上倾斜，当它蹲下来时，可以保护内脏免受来自上方的攻击。虽然开放的髋臼是恐龙的典型特征，而且它们的祖先也具备这种特征，但甲龙却没有，它进化出了一个封闭的杯状髋臼来接收股骨，这样，对敌人恶意的爪子或牙齿来说就少了一个接入点。如果这些令人生畏的防御工事没能阻止潜在的攻击者，甲龙可能会发动毁灭性的反击。它 8 英尺长的尾巴末端是一根可怕的球形杆，类似于三个干瘪的排球叠加在一起，成为一根中世纪的权杖。它可以在 100 度的弧线上挥舞这种武器，同时将其加速到可以粉碎骨头的速度。[76] 任何以甲龙肉为食的尝试都会遭遇潜在的致命抵抗。

站立和战斗是一种挫败掠食者的方法，逃跑则是另一回事。鸭嘴龙是逃跑冠军。它们的牙齿专门用来肢解植物。它们没有爪子，没有角，没有棍棒（长尾巴），也没有盔甲，逃离危险是它们唯一的选择。鸭嘴龙的许多种类可能是白垩纪后期北美最常见的恐龙，它们的化石无疑是恐龙中数量最多的。埃德蒙顿龙（Edmontosaurus）是鸭嘴龙的一种，有时会在有着数千只鸭嘴龙的骨骼岩层中被发现。怀俄明东部的一个单一矿床就有多达 25000 颗鸭嘴龙化石。在阿拉斯加的德纳里国家公园，数千条鸭嘴龙的足迹被保存在一条古老河流的沉积物中。这些足迹有着明显的差异，表明该地区是多代鸭嘴龙的家园。就像今天的许多大型食草动物一样，它们一定是在一个社会结构中群居而活。[77]

从科学的角度来看，鸭嘴龙也在著名恐龙的行列之中，因为发现了它们大量的标本，而且其中一些保存得非常完好。我们从鸭嘴龙的骨骼、牙齿、皮肤印痕、内脏、卵、胚胎和足迹来了解它们。人们甚至研究了一只鸭嘴龙的肠道寄生虫的踪迹：胶原蛋白、血管和血细胞从另一个细胞中恢复。[78] 虽然大多数恐龙物种只从一具不完整的骨骼中被发现，但许多鸭嘴龙物种是从多个完整的标本中被发现的。

鸭嘴龙似乎喜欢被困在不寻常的地质环境中，而正是这种环境让它的踪迹得以完美保存。许多鸭嘴龙的足迹，包括大多数留在德纳里的脚印，都能保留带鳞的皮肤印记。一些鸭嘴龙甚至是通过三维肢体化石，即所谓的恐龙木乃伊，而为人所知。

长期以来，美国自然历史博物馆一直展出着

这样一件标本——一头"木乃伊化"的埃德蒙顿龙。虽然我见过很多次，但和一只肥硕的恐龙共处一室的震撼感从未减弱。每次看到这件标本，我都会惊讶地往后退缩，还带有一点厌恶。这个无头的标本摊开四肢躺在地上，就像一只被切开摊平的巨型烤鸡。它的骨头上覆盖着一层薄薄的矿化皮肤，巨大的肠子已经干枯，塌陷在自己身上，让它看起来憔悴不堪。我想到了恐龙被撞死的场景。

产生这种三维肢体化石的特殊保存规律仍在起作用。然而，"木乃伊"一词并不合适。真正的木乃伊标本的大部分软组织保存完好，而不是矿化。干枯、冷冻或酸洗导致木乃伊化。[79] 一旦木乃伊被从原始环境中移走，腐烂就开始了。这是冻干猛犸象被困在永久冻土中的原因。随着地球变暖，越来越多的冰川似乎正从解冻的苔原上冒出来。虽然这些标本没有矿化，但仍然完全有机。我们可以把它们想象成"猛犸象干"，而不是化石。从技术上讲，可以称之为亚化石。无论是自然发生的还是人造的，木乃伊的年龄都不超过数千年，而最年轻的非鸟类恐龙化石至少有6600万年的历史。因此，作为三维肢体化石保存下来的恐龙并不是真正的木乃伊。然而，它们大多是鸭嘴龙。为什么？

鸭嘴龙似乎偏爱海岸平原环境。它们的遗骸经常在沿海沉积物和蜿蜒的低地河流沉积物中发现。人们曾经认为，福尔克鸭嘴龙特别适合食用水生植物。然而，几乎没有证据证明这一点，关于它们以地面植物为食，还是以灌木和树木为食的争论还在继续。无论饮食如何，它们似乎更喜欢低地和湿地。沉积物也是如此。

在一系列地质变化的无情打击下，山区和山坡等高地往往会流失沉积物，它们沿着斜坡向下移动，最终沉积在洼地和沿海地区。由于尸体必须埋在沉积物中，以便从生物圈过渡到地质圈，因此低地物种在化石记录中占有优势。事实上，正因为这个原因，古代高山生态系统几乎从未被保存下来。考虑到恐龙存在的时间很长，而且它们在中生代大陆上无处不在，如果没有特别适应高山生物群落的恐龙，我会感到震惊。然而，我们对它们一无所知，而且可能永远也不会知道，缘由是化石记录中固有的保留偏见。

鸭嘴龙喜欢低地环境，喜欢成群结队，似乎比其他任何一种恐龙都更有可能进入化石记录。由于有如此多的机会成为化石，所以从概率上讲，以数量最多、保存最完好的标本来代表它们就不足为奇了。

不过，快速浏览一下有关恐龙的儿童文学，或者在互联网上快速搜索恐龙玩具，就会发现鸭嘴龙在很大程度上被公众忽视了。没有兽脚亚目恐龙可怕的爪子和牙齿、蜥脚类动物的大小，以及装甲恐龙和有角恐龙的壮观防御装备，鸭嘴龙的魅力还有所欠缺。它们速度惊人，但可能不是最快的恐龙。最快恐龙的头衔属于鸟类。它们像巨大的鸵鸟一样快速移动，不，鸭嘴龙的超能力更微妙，但同样有效——鸭嘴龙是咀嚼冠军。我意识到，超级高效地咀嚼植物可能并不适合在《侏罗纪公园》中出现，但这种超能力是鸭嘴龙成功的关键。

鸭嘴龙的头骨非常引人注目。它们的嘴前部没有牙齿，只有一个喙，就像一套修剪花园植物的剪刀。不过，他们并没有因为缺牙而受苦。鸭嘴龙的嘴两侧有一堆复杂的牙齿，由韧带连接在一起，形成了齿列。每个齿列都是由磨削表面的死齿组成的，下面还有一堆正在生长的牙齿作为后备。由于活动的牙齿已经死亡，在被替换之前，它们可以毫无痛苦地被磨成小疙瘩。[80] 有些鸭嘴龙有多达 300 颗牙齿。多伦多大学研究鸭嘴龙牙齿的古生物学家罗伯特·赖兹（Robert Reisz）称其为"有史以来最复杂的牙齿系统"。[81] 更重要的是，它们的牙齿咬合是一个复杂的运动，能最大限度地提高咀嚼效率。

鸭嘴龙及其同类的头骨上有一个上颌，每咬一口都能向外突出。[82]

鸭嘴龙喜欢的叶子会被咬掉，然后转移到齿列。在有力的颚间，叶子会被压碎，就像在橄榄压榨机中一样，冲破细胞壁。然后，当上面的齿列向外联动时，叶子就会被磨碎，就像胡椒磨一样。嚼了几下之后，剩下的结构就很少了。随着细胞壁被撕裂，营养物质暴露，这片被摧毁的叶子将从食道滑下，变成细菌和酸的混合物。叶子携带的、现在已被释放的能量将变成越来越多的鸭嘴龙组成部分。当鸭嘴龙在白垩纪肥沃的平原上啃食、咀嚼和刨地的时候，这种将植物消化的高效系统将为其提供动力。总之，鸭嘴龙在外表上并不壮观，却是令人惊奇的特殊动物。

每一组恐龙都有其独特之处，但最壮观的肯定是蜥脚类恐龙。虽然有一些体型相对较小的恐龙，比如大象般大小的萨尔塔龙，但这个群体中的许多成员都长到了几乎无法想象的规模。在地球上行走过的最高、最长、体型最大的动物是蜥脚类恐龙。2005 年，我发现了这样一种生物。

# 第十章

# 无畏龙

这是我在巴塔哥尼亚南部偏远荒凉的不毛之地寻找恐龙的第二个季节。我们在一条咆哮的冰川河岸扎营，可以看到崎岖不平、积雪覆盖的安第斯山脉。在伦敦和费城附近，古生物学家们发现了第一个新的恐龙物种。这太轻而易举了！古生物学家发现，几十年前研究果实唾手可得，而现在只能到地球上最遥远的地方去寻找新的发现。这就是我的情况。

从美国到我的工地需要经过 6 个机场。在风景如画的巴塔哥尼亚小镇埃尔卡拉法特，前方是一条布满岩石的道路，沿着传奇的阿根廷 40 号公路——美国 66 号公路的泥路版——驱车 3 个小时，然后离开公路在灌木丛中的道路上行驶一个小时，才到达工地。

我们是在南半球 1 月份的夏天到达的，但毫无夏天的感觉——这里地处南纬 50°，南极洲控制着这里的气候。在特别寒冷的早晨穿着皮制大衣工作并不罕见，我帐篷里的饮用水会被一层冰覆盖。当然，任何去过巴塔哥尼亚的人都知道，风从来没有停止过。在过去的一年里，我为船员们准备了早餐麦片。这不是个好主意。在巴塔哥尼亚，麦片在你吃之前就会被风从勺子上刮走。

我来到这个特别的地方，是因为它有四个基本特质。第一，这里的岩石是适合保存化石的陆相沉积岩；第二，这意味着可能有恐龙化石的存在；第三，这里环境干燥，我可以指望被剥蚀的山坡表面暴露出化石；第四，德国探险家于1922年记录了在河流另一侧的若干恐龙骨骼碎片，这一区域并未被过度开采，我们找到骨骼化石的概率接近100%，而且据我估计，找到科学新发现的概率很高。

我走在一个多岩石的干涸沟壑中，期望值高涨。两年后，考古学专业学生布伦达·吉里奥在这里发现了美洲原住民手斧。这是一片广袤的土地，重大发现随处可见。

在记录了十几处骨骼碎片遗址位置后，我发现了一小块暴露在陡峭山坡上的骨骼化石。我最初的心情相当平静。当你处在正确的地理位置时，发现骨骼碎片很常见。但绝大多数这样的发现都是由无用的碎片或孤立的骨骼组成的，它们只能提供有限的信息。不到一个小时，我们就发现了一条长6英尺3英寸的股骨。前一年，我们发现了一块7英尺3英寸的股骨，但经过几天的挖掘，这块骨骼被证明是孤例。所以当我看到另一块巨大的股骨从塞罗·福塔莱萨侧面的砂岩中伸出来时，我的反应很谨慎。

很快，当我们继续挖掘时，腓骨（小腿骨）出现了，随后胫骨出现在它旁边。此处充满希望。三块骨头，本质上是关联的，这是一个很好的迹象。我们发现的恐龙很大！已经可以看到它是迄今为止我们发现的最大恐龙之一。但它是哪种恐龙呢？我知道在南美洲发现的其他大型恐龙都是来自比它们早几百万年的岩石。这很可能是一个新物种，但腿骨并不是特别具有判断意义。除非有更多的骨骼被保存在我们下方，否则我们无法确定。

第二根股骨出现了，接着是几根肋骨，接着是一排尾椎。到那天结束时，我们已经发现了 10 根骨头。此处收获颇丰。这是美好的一天。我们找到了一直追寻的东西。大家徒步回到营地，从"冰箱"里捞出几罐基尔梅斯啤酒庆祝一番。

在巴塔哥尼亚凛冽的寒风中，我们花了四

个夏天的时间才将"无畏龙"（Dreadnoughtus schrani）从岩石中发掘出来。我们发现了 145 块骨骼，可以拼凑出一只 85 英尺长、两层半楼高、重达 65 吨的巨兽。

这种巨大的食草动物主宰着其生态系统，甚至连最大的食肉动物也无须畏惧，因为它的体重是对手的 9 倍。

在接下来的几天里，我们发现了一块又一块骨骼。但随着挖掘的深入，我原本乐观的心情变成了担忧。我从来没有在一个地方见过这么多大块骨骼，其他人也一样。我们在一个非常偏远的地方，只有露营用具、铁锹、镐和一小群人。作为探险队的领队，我反复思考着即将面临的问题，解决挖掘、运输这具巨大蜥脚类恐龙骨架的相关问题以及随之而来的研究工作，将占据我在那个季节剩余的时间，以及接下来十年大部分时间的想法和行动。

那年我们挖了两个月，在巴塔哥尼亚寒冷、

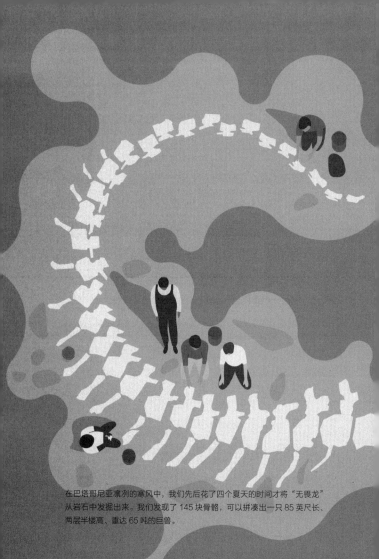

在巴塔哥尼亚凛冽的寒风中，我们先后花了四个夏天的时间才将"无畏龙"从岩石中发掘出来。我们发现了 145 块骨骼，可以拼凑出一只 85 英尺长、两层半楼高、重达 65 吨的巨兽。

这种巨大的食草动物主宰着其生态系统，甚至连最大的食肉动物也无须畏惧，因为它的体重是对手的 9 倍。

狂风肆虐的夏天，每天都有新的骨骼出现。第二年我们又回来了，如此年复一年。在四个野外夏季结束时，我们那些坚韧不拔、饱经风霜的学生和志愿者，在偶尔来访的同事的帮助下，已经找到了一种新的巨大恐龙身上的 145 块骨骼。

我们手里拿着数不清的许可证，还拿着伦敦劳合社（Lloyd's of London）为一只恐龙出具的保险单，将 16 吨裹着石膏的骨骼装进了一个闪闪发光的橙色海运集装箱。我们把它运到了阿根廷港口小镇里奥加耶戈斯。这些化石从海路经过南美海岸，穿过加勒比海，沿着东海岸到达费城港，它们在那里被卸下来，用卡车运到我的实验室。化石将以阿根廷政府借出研究的名义在美国停留 5 年。为加快化石研究的准备工作，需要去除剩余的岩石，有时需化学加固骨骼，这可是辛苦活。我将项目分为三个部分，各交给卡内基自然历史博物馆和自然科学院一部分，其余部分留在我的实验室。几年后，我们得以在我的实验室里将骨骼重新组合起来，鉴定出让这种恐龙有别于其他恐龙的 8 个独特的骨骼特征，从而判定这是一种人类从未见过的物种。[83]

命名一个新物种是古生物学界最令人骄傲的成就了，但在我看来，这也是一项庄严而沉重的责任。在为新的巴塔哥尼亚巨人命名时，我曾希望反思并尊重这种蜥脚类动物具有的韧性和凶猛。我经常为这些巨人在艺术重建中以一种呆滞的方式呈现给公众而烦恼，这个主题始于查尔斯·R. 奈特。

1897 年，也就是奈特创作富有灵感和洞察力的《跳跃的雷拉普斯》那年，他还创作了巨型蜥脚类恐龙梁龙和雷龙（是的，雷龙回来了！2015年的一项研究发现，它与迷惑龙截然不同[84]），复活了深受人们喜爱的物种。奈特画作中较小的梁龙成了背景，而已知的 19 世纪末最大的恐龙雷龙则被列为重点。这幅画美得惊人，是我最喜欢的一幅。但就像奈特的所有作品一样，他的艺术作品既是他所处时代的写照，也是我们古代世界编年史上被冻结的时刻。在这幅画中，他描绘了一头雷龙懒洋洋地占据着一片沼泽。我们可以看到其他种类的成员，大多数都在水下，浮起它们巨大的身体来缓解重力。雷龙的进食被打断了，它心不在焉地盯着观众，毫无恶意，就像一只鸭子一样。"温柔的巨人"，似乎传递的就是这个信息。笨拙的"泰坦们"整天泡在阳光明媚的池塘里，彬彬有礼地等着兽脚亚目动物过来咬一口。如果以现在的食草动物为参照，这就大错特错了。

大型草食动物领地意识强，脾气暴躁，好斗。在黄石国家公园，野牛的伤人数量远远超过灰熊。在非洲，河马被广泛认为是最危险的大型动物。在印度，随着人类向先前的野生动植物区扩张，人象冲突已经成为一个主要问题，每年有多达 300 人死于大象之手。所以说，大型食草动物是危险的。

在数量级上，我们的新蜥脚类动物使今天活着的陆地动物相形见绌。它从鼻子到尾巴有85英尺长。它的肩部有两层半楼高。它活着时身体的实际重量为65吨，约等于13只非洲象或9只霸王龙的重量，比波音737还要重10吨。

你能想象一只65吨重的蜥脚类动物在繁殖期如何保卫领地吗？这种动物非常危险，对周围的生物都是一种威胁。它不会害怕周围的任何其他生物。考虑到这一点，我给这种新恐龙取名为无畏龙，意思是"无所畏惧"。这个名字暗指20世纪末的无畏号战列舰。建造它时，基本上不受现有战争技术的影响，也不用惧怕海上任何战舰。对于这个新物种的名称，我也是为了向费城高科技企业家亚当·施兰（Adam Schran）致敬，他慷慨地支持了我们的工作。这也是"无畏龙"这个名字的由来（无畏龙的英文名字的第二个单词是schrani，与施兰的姓氏只差一个字母）。

无畏龙在很多方面都是非凡的。它是最大的

陆地动物，我们可以很有把握地计算出它的重量。这种巨大的蜥脚类动物不像半搁浅的陆地鲸鱼，在水中生活，它们有着巨大的柱状四肢，完全是陆地生物，能够在陆地上行走，并能长时间站立。事实上，个头最大的无畏龙能否躺下还值得怀疑。它们可能一直保持站立姿势。为了支撑它们庞大的身躯，它们的肢体骨骼被完美地按比例缩放，以满足它们一生对抗重力的结构需求。

大多数四足动物都拥有相当一致的四肢骨骼，这些骨骼都是它们远古两栖祖先遗留下来的。虽然其下肢可能有很大的变化——例如，马已经失去了大部分足骨，基本上是用中指走路——但上肢却始终只有一块骨头：肱骨或股骨。每一块骨头都必须有足够的尺寸来承受重量。因此，在对现存四足动物的广泛研究中，肱骨和股骨的最小周长与所测动物的体重密切相关也就不足为奇了。将同样的方法应用于无畏龙的肱骨和股骨，其重量约为 65 吨。还有其他体型类似的大型恐龙，比如阿根廷龙和富塔隆柯龙，但是它们被发现的骨骼缺少进行这些计算所必需的肢骨，所以我们只能推测其一定拥有巨大的重量。

此外，无畏龙因其完整性而引人注目。巨大的蜥脚类动物常以残片为代表。想象一下，一只动物的大小和一座房子差不多，如果那只动物死了，倒在洪泛区，在那一刻，它的身体几乎没有与大地接触。在食腐动物撕扯残骸之前，或者在自然力将骨骼风化成尘土之前，它的骨骼很少有机会被沉积物掩埋。因此，许多蜥脚类动物在被发现时只剩下几块骨头。例如另一个巴塔哥尼亚巨人——普尔塔龙，它被发现只是因为三根骨头：一根颈椎骨，一根脊椎骨残片和一根尾骨碎片。在无畏龙被发现之前，最广为人知的巨型恐龙（超过 40 吨）是来自巴塔哥尼亚北部的富塔隆柯龙。除了头部，它骨骼中 27% 的骨骼类型都被发现了。使用同样的标准，无畏龙 70% 的骨架都是已知的。[85] 无畏龙惊人的完整性给我们提供了一个从解剖和生物学的角度研究这一有史以来在陆地上行走的最大生物的极好机会。

像无畏龙这样的恐龙是如何长得这么大的？答案是功效性。它们的体温很高，这仅仅是因为其身躯庞大。事实上，降温就是他们调节身体温度的主要难点。无畏龙有 30 英尺长的尾巴和 40 英尺长的脖子。这就赋予其身体巨大的表面积，使其成为一个庞大的散热器。此外，其鸟类一样的连接肺的前部和后部的内部大气囊，提供了利用呼吸系统释放热量的巨大能力。

无畏龙长着长长的脖子，站在一个地方就可以吃光大片植被，吸收数万卡路里，消耗的能量却很少。与它那粗野的身体形成鲜明对比的是，它那轻巧的脑袋轻快地在它一生所迷恋的树叶间摇摆着。相对于它的身体，它的头是迷你型的——比马的头大不了多少。如果你曾经把一堆书举到一臂远的地方，你就会明白，把很多重物放在一个 40 英尺长的杠杆（它的脖子）末端是个坏主意。

无畏龙的小脑袋具有极简主义风格，由骨头无力地缝合在一起形成。鸭嘴龙是恐龙牙齿具备复杂性的缩影，而蜥脚类恐龙则相反，与鸭嘴龙哥特教堂般烦琐的牙齿相比，它们是现代齿系的代表。无畏龙的牙齿是简单的钉齿，无法咀嚼，只适合从原野中剥离植被。树叶完好无损地落在它们庞大的胃里——它们胃的尺寸一定很大，大概有匹马那么大。它们从未咀嚼过的食物经过了大量细菌的生化处理，这些细菌一代又一代地生活在黑暗潮湿的海绵状内脏里。植物会在那里停留数日，甚至数周。在腐蚀性的消化液中，微生物共生体日夜劳作，为周围堆积如山的恐龙肉提供营养。

我认为，无畏龙无疑是强迫性进食者，几乎忽略了（除了吃）其他的一切。假设一下，它一天的计划可能是这样的：

星期一——吃，吃，吃，吃，吃，吃，排

便，吃，吃，吃，吃，吃，吃，排便，吃，吃，吃，吃，吃，吃，天黑了才停一会儿。星期二——同上。星期三……你懂的。也许一年有几次，用交配来代替吃。或许还有两次迁徙，相隔 6 个月。大约就这么着。如果你打算增重 13 万磅，那就没时间再做别的了。

每一种恐龙都应该有一本书，它能告诉我们恐龙的益处，揭示恐龙的秘密。事实上，目前关于恐龙的信息量实在太大了，无法囊括在任何一部著作中。平均每个月就有三种新恐龙面世，[86] 因此书籍来不及记录这一切。即使是像《恐龙》和《恐龙全集》这样的书，也只能提供关于海量恐龙信息的抽象观念，这些信息每天都在科学期刊和网站上出现。

很明显，在恐龙的丰富性和广泛性方面，我们只触及了皮毛。恐龙只代表了中生代繁盛而丰富的生态系统的一小部分。今天的生物多样性甚至更丰富。生物体越来越善于将自己划分到专业化的生态位，现在的物种数量可能是白垩纪时期的两倍，但我们正以惊人的速度失去它们。今天，三分之一的脊椎动物和近一半的无脊椎动物面临灭绝的危险。在这里，恐龙可以从它们的岩石坟墓中教导我们。进化的基本规则中有一条不可否认：没有物种是永恒的。即使是长期统治地球的强大恐龙，也不能无限期地维持它们的霸权。它们已经适应了气候的变化，重新构造了大陆。它们利用新植物的到来应对其他植物的灭绝。它们设法将自己分散到世界各地，慢慢地融入每一个有空气呼吸的环境，但这一切都需要时间。如果说变化是进化的燃料，那么时间——深时，就是它发展的轨迹。在史诗般的统治之后，地球时代的君主们已经没有时间了，一切都崩塌了。

·· 第十一章

# 恐龙大灾变

　　灾难在一瞬间降临了，这个时刻是由数百万英里之外的一件小事决定的，可能在第一批恐龙出现之前就被镌刻在宇宙日历上了。一块太空岩石从小行星带的停泊处被推了出来。这块岩石如此古老，我们星球发出的第一道光线曾经照在它上面。它脱离了友好的同伴，加入了近地天体的行列。潜入太阳系深处的小行星和彗星有能力威胁我们这个世界。沿着古老的轨迹，哪怕最小的扰动也能对地球形成威胁。无论是由于一颗经过的小行星的模糊引力，还是因为与一颗绕轨道运行的卵石相遇，这块岩石现在已经进入了与地球相撞的轨道。在绕太阳转了大约 10 亿圈之后，就只剩下一个结果了。在转最后一圈时，那颗美丽的蓝色星球（地球）就会处于它的运行轨道上。在旋转的地球云层下，生命丰富多彩，但也不是一直如此。

这颗小行星曾经与尚不存在任何生物的地球共享太阳系——持续的宇宙撞击使地球成为沸腾而无生命迹象的行星。当最艰难的时刻结束，生命开始萌芽并且生生不息。在 30 亿年的时间里，太空岩石围绕着太阳旋转，而在我们星球的原始海洋中，没有什么比微生物团更复杂了。当地球上的细胞开始结合，构造机体并将之组合起来的时候，太空岩石就飘浮在太空中。当生命之树的主要分支从我们的共同渊源中出现，它缓缓地划过寒武纪的天空。当肉鳍鱼类从海洋中爬出来的时候，它在那里，沿着空中无尽的椭圆形旋转。

当蜥脚类生物与其同类分离时，它在那里。当恐龙还是新生事物，连虫子都吓不了的时候，它在那里。它在那里，在天空中，在每一只泥泞的棘龙、好斗的伤龙和嗜血的安祖龙上方。它在那里，静静地在上方运动着，不停运动着，每一只静止的甲龙、胀气的鸭嘴龙以及贪得无厌的无畏龙对它都一无所知。在恐龙的整个统治时期，一把宇宙的达摩克利斯之剑总是悬在它们精巧进化的头上。它在那里，等待着降落，等待着迎接地球的新纪元。

这颗直径 8.5 英里的小行星在与历史交汇的过程中加速前进，与它下方那颗直径 8000 英里、闪闪发光的蓝色行星相比，显得相形见绌。这种体积上的差异看起来很极端，就像一只飞虫与一头大象的差异。两者相撞，只不过产生个针孔大小的伤口，对吧？地球很大，表面积达 1.97 亿平方英里（约 5.1 亿平方千米）。这次撞击在墨西哥湾海底的地壳上炸出了一个 125 英里宽的陨石坑：一个 12000 平方英里（约 31080 平方千米）的坑，被称为希克苏鲁伯陨石坑。这还不到地球表面的 0.01%——一个针孔。地球安然无恙。几天的地震轰隆隆，印度的一些火山裂缝汩汩作响，岩浆喷涌而出，遍布次大陆，[87] 但对整个地球没有造成明显的破坏。

要破坏一颗行星还需加把劲。喜剧演员乔治·卡林曾这样描述我们当前的环境危机："地球没事……它会像对待跳蚤一样把我们甩掉，一帮总是在它的表面骚扰它的讨厌家伙。"的确，他是正确的。当环保主义者谈论"拯救地球"时，他们实际上是在谈论拯救地球上的生命。这颗行星本身几乎可以再存在大约 70 亿年。大约 50 亿年后，当太阳储存的氢耗尽时，我们的恒星将变成一颗红巨星。再过 25 亿年，它的表面将膨胀到地球轨道之外。在某一时刻，地球将会坠落到太阳中，而我们星球的起源，恒星物质，将会再次成为恒星物质。

但到那时，生命早已逝去。从现在起大约15亿年的时间，太阳将逐渐变亮并导致温室效应失控。[88] 我们的海洋将会蒸发，地球上长时间燃烧的生命火焰将会暗淡下来，苟延残喘，而能忍受极端条件的微生物将继续存在，然后归于沉寂。当地球上的最后一种细菌消失，它微小的机体通过破裂的膜溢出时，这个星球上生命的长期实验将会结束。这就是为什么美国航空航天局前局长迈克尔·格里芬表示，"从长远来看，单颗行星的物种将无法生存"。正如天文学家卡尔·萨根（Carl Sagan）所说："如果人类的长期生存处于巨大危险之中，我们对人类就负有一项基本责任，那就是到其他世界去探险。"[89]

行星很坚实，生命很脆弱。来自太空的岩石在地球表面造成的针孔几乎没有改变地球的地质状况，但对地球表面的生命造成了毁灭性打击。当提到我们的星球时，大家倾向于想象周围的事物：山脉、海洋、湖泊、森林、城市和大气。把我们所看到、经历的地球囊括在一起与整个地球的浩瀚相比，这些事物简直不值一提。想象一个鸡蛋，它的薄壳大约是整个鸡蛋厚度的 2%。相应地，大约 60 英里高的大气层只有地球厚度的1.5%，生物圈甚至更薄。地球最低点是马里亚纳海沟的挑战者深渊，位于海平面以下 35462英尺。珠穆朗玛峰海拔 8848 米。除了飞行员和他们的乘客、飘浮的微生物，以及一些能惊人高飞的鸟类，我们星球上的生命本质上受这些地形极限的限制。它们形成一个只有 12 英里厚的包裹层，只有地球厚度的 0.3%。现在把剩下的去掉 40%，就是生物圈的厚度。它并不算厚，并且很容易被破坏。

撞击小行星释放的力就是它的动量。这是一个简单的公式：p=m×v。也就是说，动量（p）等于物体的质量（m）乘以物体的速度（v）。子弹并不重，但当从枪中射出时，就具有了毁灭性的破坏力。一颗直径不到 1/3 英寸、重 1/500 磅

（约 0.0009 千克）的 0.30 口径子弹，可以击倒一头重 0.75 吨的驼鹿。拿着同样的子弹，简单地把它扔向驼鹿，你什么也做不到，只会惹恼驼鹿，这不是一件好事。（记住，食草动物脾气暴躁。）因此，重要的不仅仅是小行星的质量，还有其速度。向地球飞来的太空陨石大小与曼哈顿差不多，速度为每小时 4 万英里，是子弹速度的 25 倍。它会造成巨大的冲击，对生物世界造成灾难性的破坏。

生活在古新泽西海岸的鸭嘴龙可能看到小行星在头顶划过，也可能看到南方天空中的闪光。它吃了一惊，侧耳细听，打量着周围的景物。静悄悄地，没有什么不妥，它出了口气，没有捕食者的气息。一切正常，继续吃。看！那有片叶子。咬住、嚼碎、嚼啊嚼啊……咬住、嚼碎、嚼啊嚼啊……

当鸭嘴龙心满意足地咀嚼着食物时，距离撞击地点 900 英里以内的恐龙已经死亡——气化或粉身碎骨。白垩纪对于它们已经结束了。在世界的其他地方，恐龙并不知道死亡的卷须已经在那一刻伸出来迎接它们。那是恐龙长期统治的最后几分钟，而它们又迁延了些许时光，不经意地做着它们平时做的事情。

自然史上最重要的一个教训是：没有什么是永恒的，即使是最强大的物种，也受到时间的束缚。当时看来，恐龙的长期统治似乎可能永远持续下去，但在我们的世界里，永恒只是一种幻觉。自寒武纪复杂生物繁盛以来，生命之树经历了五次严重的修剪——五次大灭绝，最后一次灭绝终结了非鸟类恐龙以及地球上 75% 的物种。对于恐龙来说，覆灭来得又快又猛烈。一颗飞驰的小行星，一瞬间的撞击，然后是地震，飞溅的碎片，灼烈的热浪，海啸和黑暗——就像大自然最终总会做的那样，一场灾难为新的事物扫清了道路。

在"归零地"（ground zero），地壳在一个比马萨诸塞州还大的陨石坑上溅起了熔融岩石的浪花。10 级地震的地震波以每小时 17000 英里的速度向四面八方奔涌而去。

距离鸭嘴龙看到天空中奇怪的闪光已经过去了 8 分钟。[90] 8 分钟的咀嚼、放屁、吸气和跺脚，心满意足的 8 分钟。

轰！大地猛烈地震动着。对鸭嘴龙和大多数恐龙来说，这是最初的恐怖时刻；那一刻，它们的世界开始分崩离析。地震会使一些恐龙东倒西歪，另一些则会被震倒在地。一些体型较大的恐龙就会这样死去：肺部被折断的肋骨刺穿，器官破裂，头部撞到岩石上。在距离撞击点较近的地方，恐龙被翻滚的地震波抛向空中。树木倒伏，山体崩塌。

惊慌失措的鸭嘴龙瞠目狂奔，闯出挺立的树林，在倒伏的树木上跳跃着。锯齿状的树枝撕扯着它的肉体。路上横亘着被困住的恐龙。飞翔的鸟类恐龙和翼龙的刺耳哀鸣此起彼伏。随后，天自然史上最重要的一个教训就是：没有什么是永恒的，即使是最强大的物种，也受到时间的束缚。当时看来，恐龙的长期统治似乎可能永远持续下去，但在我们的世界里，永恒只是一种幻觉。自寒武纪复杂生物繁盛以来，生命之树经历了五次严重的修剪——五次大灭绝，最后一次灭绝终结了非鸟类恐龙以及地球上 75% 的物种。对于恐龙来说，覆灭来得又快又猛烈。一颗飞驰的小行星，一瞬间的撞击，然后是地震，飞溅的碎片，灼烈的热浪，海啸和黑暗——就像大自然最终总会做的那样，一场灾难为新的事物扫清了道路。

空亮了起来，美丽而奇异，一道红光向四面八方散发开来。

从火山口喷溅出来的喷射物被直接抛向天空。这些碎片中有无数熔化的小块岩石，它们会冷却成小玻璃球，被称为小球体。伴随它们飞行的是岩石碎片和漫天的灰尘，其中含有来自小行星本身的铱。

飞行碎片可能沿着平流层的上边界飞行，也可能被喷射到亚轨道空间。无论哪种方式，它们都会在落地前完全把地球包围。

撞击后 14 分半钟，新泽西上空开始有粒子往下坠落，大部分是细尘和小玻璃球，还有一些更大的碎片。最致命的时刻来了。虽然粒子很小，但大小并不重要，重要的是粒子中储存的重力能。陨石坑里的一些岩石在撞击时蒸发了，但有很大一部分被抛向了天空。想象一下，将漫天的岩石提升到大气层顶部需要多少能量。这就是从小行星转移到飞行碎片中的能量。这叫势能。

当岩石落回地球时,这种可能性变成了现实。

集中的大量物质从天而降,必定释放所有的能量,平衡能量得失,有些会通过声音消散,有些会在撞击时消散,但是大部分会消失在与大气的摩擦中,以红外线辐射和对流热的形式释放能量。无论这些物质是大颗粒还是小尘埃,需要耗散的总能量是相同的。当大部分喷出物落在地球上时,地面上没有遮蔽的动物将面临滚滚的热浪。

肖恩·古力克(Sean Gulick)是得克萨斯大学奥斯汀分校的一名地球物理学家,他在2016年与他人共同领导了一支前往希克苏鲁伯陨石坑的钻探探险队。在那里,他们从火山口的边缘和中心山峰收集了核心样本,将有助于弄清撞击释放的能量大小。大气模拟已经产生了热脉冲的两种主要场景。古力克把它们描述为"几个小时的面包烤箱和几分钟的比萨烤箱"。"不管怎样,"他补充道,"恐龙已经死了。"

鸭嘴龙被炙烤后浑身起泡，倒下死去，其尚柔软的肉体每隔几分钟就会随着余震抖动。撞击两小时后，一股热风以飓风般的速度穿过森林，刮倒了三分之一的树木。随着红光的消退，撞击产生的灰尘和野火产生的烟尘在天空中形成了一层黑色的纱。整个星球都陷入了黑暗，到处是噩梦。

海啸波运动到世界各地的海洋。撞击数小时后，一堵高耸入云的水墙冲破了新泽西州的海岸，冲入数英里外漆黑的森林。幸存下来的动物会听到海浪，但不会看到海浪向它们袭来。在灾难性的水位上升之后，咆哮的回潮带走破碎的树木、树根缠绕的岩石、烧焦的尸体以及被地震、飓风和山体滑坡从土壤中崩解出来的大量沙子和泥浆以及连根拔起的树木。

在海洋中，爆炸区域外的生物可能在爆炸发生后立即恢复正常。而沿海地区，某些生物可能已经享用了"闷烧大陆"提供的烧烤盛宴。一场巨大的食腐大餐沿海岸线上演。漂流的尸体被鲨鱼啃噬，海底的尸体被蠕虫、蜗牛和海星团团围住。

但最初的好处很快就变成了坏处。当黑暗降临到地球上，海洋浮游生物失去了它们赖以生存的阳光。饥饿使它们摇摇欲坠，食物链的基础也随之崩溃。失去生存基础的海洋生态系统迅速瓦解。食物链的最底层就像金字塔的底部一样必须很宽大。这个层次是由初级生产者形成的：光合作用者，奇妙地利用星光创造食物的生物体。在海洋中，浮游植物是基础，海洋生态系统的健康和活力依赖于它们。根据经验，从进食金字塔的一个层次到下一个层次，大约有 90% 的能量损失。如果要成为一个以其他生物为食的生物，（比如）食用以浮游生物为食的生物，那么最好有大量的浮游生物。否则，在食物链上层就没有多少能量留存了。

全球范围内光合作用的停止导致的饥饿迅速

蔓延到了食物金字塔的顶端。不久，以浮游植物为食的浮游动物几乎没有食物了。由于浮游生物稀缺，虾和小鱼等底层捕食者将难以生存。不过，大部分动物都能勉强生活，因为他们的需求有限。大型食肉动物将受到更大的打击，许多大型食肉动物将会灭绝。一些鲨鱼物种灭绝了，菊石类也是如此。菊石是一种螺旋状的头足类动物，其贝壳玛丽·安宁在海边卖得很好。顶端的掠食者，比如沧龙和蛇颈龙，注定要灭亡。这个世界再也不能满足这样贪得无厌的生物了。

鸭嘴龙浮肿腐烂的身体在满是漂浮物的水中颠簸着，漂向大海。它就像一个巨大的肉浮标，一路上都在脱落着肉和骨头。在绵延数英里的海底，它和它那不幸同类的遗骸都被从这片阴燃着的焦黑土地上喷出的沉淀物所埋葬。这是中生代的绝响，地球历史的史诗三部曲接近尾声。在地球和小行星尘埃的覆盖下，恐龙的时代被埋葬了。

一颗更大或更快的小行星可能已经毁灭了我们星球上复杂的生命。但事实上，大约 25% 的物种存活了下来。鳄鱼、乌龟和蜥蜴只遭受了轻微的损失。尽管鳐鱼受到了沉重的打击，但大多数鲨鱼存活了下来。几乎所有的硬骨鱼类都避免了灭绝之灾，但会飞的爬行动物（翼龙）和巨大的海洋爬行动物（沧龙和蛇颈龙）灭绝了。在陆地上，情况十分严峻，恐龙灭绝了，只有一些鸟类幸存下来。哺乳动物显然幸存下来了。这本书是由哺乳动物写的。但好险啊。最近一项对北美哺乳动物化石的研究发现，在一个地区，93%的哺乳动物在撞击后灭绝。[91] 环境科学合作研究所的荣誉退休研究员道格·罗伯逊和他的同事们假设，能够在地下或水中躲避是在最初的全球热浪侵袭中幸存下来的关键。[92]

多年以后，也许是十年或更久，黑暗盛行。幸存者们在烟尘、灰烬和硫酸笼罩的天空下，在永恒的暮色中憔悴不堪。气温骤降，在漫长的冬季温度几乎没有升高。从比萨烤炉扔到一个空冰箱里，对大多数生物而言肯定难以忍受。当劫难结束的时候，地球上 75% 的物种已经消失了，这看起来就像一个地质瞬间。标志性的恐龙物种，如霸王龙和三角龙，恰好在撞击发生时还活着。大屠杀之后，地球上最大的陆地生物还没有现代的猫科动物大。泰坦的时代已经结束，温顺的生物继承了大地。

随着恐龙的消失，哺乳动物开始崛起。我们像鼩鼱一样的祖先以及其他哺乳动物，一直生活在蜥蜴世界的黑暗角落里。在夜间挖洞、爬行和觅食，它们的进化是有限的。当阳光、温暖和蓝天重现人间，幸存者的机会就多了起来。进化的大爆发把哺乳动物种带到了各个方向。其中一个谱系成为有史以来最大的动物：蓝鲸。虽然它不比无畏龙长多少，但其质量是无畏龙的两到三倍。在阴影之外，一些陆地哺乳动物会进化成巨大的食草动物和凶猛的食肉动物。巨犀是一种生活在 3000 万年前的无角犀牛，它长达 26 英尺，重达 15 吨，相当于 1.5 个霸王龙！有些猛犸象超过 10 吨，遍布北半球。洞穴熊、剑齿虎和可怕的狼会威胁到更新世[93]。数以百万计的野牛群会横扫北美大平原，它们的牛蹄会踩在一群鸭嘴龙的坟墓上，后者在很久以前就以这种方式发出雷鸣般的声音。在南美洲，一种重达 4 吨的地懒会懒洋洋地把树干弯曲成它想要的样子。它的堂兄弟星尾兽是一种巨大的犰狳，进化成哺乳动物版的甲龙——坦克一样的厚装甲，挥舞着尾棒。

和其他物种一样，我们的谱系也不太可能是由白垩纪微小、毛茸茸的祖先进化而来。它们做了非鸟类恐龙做不到的事情。在小行星撞击地球的灾难中，它们发现了洞、裂缝和洞穴，并在这些残垣断壁中顽强生存了下来。没过多久，也就是大约 1000 万年后，这些存活下来的物种繁衍出了第一批灵长类动物。约在 2500 万~3000 万年前，猿类从猴子进化而来，我们称之为人类的类人猿。在大约 600 万年前，类人猿与它们的黑猩猩亲属分道扬镳。DNA 分析表明，这是一段漫长而略显淫荡的时期，人类与黑猩猩的杂交持续了数千年甚至数百万年。人类的许多分支将从这一分支中萌芽。事实上，我们今天发现自己是独一无二的，是这个星球上唯一的人类，这很不寻常。就在 3 万年前，我们和其他三种古人类共同生活在这个世界上：欧洲的尼安德特人，亚洲的丹尼索瓦人，还有弗洛瑞斯人——来自印度尼西亚弗洛瑞斯岛 40 英寸（约 102 厘米）高的霍比特人。但事实上，我们是灵长类谱系中唯一的幸存者，这个谱系的祖先可以追溯到从世界第五次大灭绝的废墟中爬出来的一群顽强的鼩鼱。

# 第十二章

# 恐龙为何如此重要

我们是宇宙认识自身的一种方式

——卡尔·萨根

几年前，我在当地的一个葡萄园里给妻子买了一件 T 恤，上面印着"一切都重要"的口号，这体现了葡萄园对酿酒细节的关注。这是一个与我产生共鸣的想法，一个假设，真的似乎被无数次不可能的命运转折所证实，保存在岩石记录中。并不是说我觉得每件事都很重要，我不确定下星期四午餐吃火腿三明治是否重要。但另一方面，我也无法确定某件事是否不重要。在混沌理论中，这个概念被称为对初始条件的敏感依赖。它假定一个确定性的非线性系统的初始状态的微小调整可以导致最终状态的巨大差异。通常，这被称为蝴蝶效应，有一个这方面的比喻：

飓风产生于热带风暴，热带风暴形成于热带低气压区，而低气压区又由大气中的微扰动发展而来。因此可以想象，一只从飞过亚马孙雨林的蝴蝶翅膀边缘滑脱的微小、低压粒子，可能会在三周后导致一场超级飓风袭击美国海岸。

自然现象的起源有时可以用历史数据来确定。科学家们做了很多工作。风暴可以追溯到它的起源，地震可以追溯到它的震中，流行病可以追溯到零号病人。通过化石记录，鲸鱼可以追溯到巴基斯坦古代海岸上类似狼的生物。人类的物种可以追溯到坦桑尼亚奥杜瓦伊峡谷的湖岸和火山床，它们记录了人类谱系的出现。回顾的方法可能很难，但它是有效的。当然，过去的大部分时间已经被遗忘，但科学家们惊人地擅长于把时间的碎片从深渊中拉回来。过去是可知的，虽然程度有限，但程度在不断增加。

展望未来，做出预测则困难得多。事实上，我们很不擅长应付复杂的非线性现象集合。科学在预测复杂系统的未来方面是如此之差，以至那些欺世盗名的江湖郎中、庸医和算命者大行其道。算命师、占星家、通灵师和其他骗子利用人们的共同愿望来了解未来的复杂性。最近，我在墨西哥普埃布拉的一家餐馆吃饭，桌子旁边有一只鹦鹉，会从写在小纸片上的一系列预测中选择你的命运。我们无法预知未来，因此对一些人来说，接受鹦鹉的建议似乎是一个很好的选择。需要说明的是，科学擅长于预测无数受到有效限制的现象，这些现象往往具有惊人的准确性，比如放射性衰变、行星运动、潮汐、化学反应、光的物理学、气候变化的各个方面，以及某些生物学现象。2015 年，美国航空航天局的新地平线号探测器在经过近 10 年、30 亿英里的飞行后，在其发射时预计的 87 秒内抵达了冥王星。这是一项非凡的壮举，是航天科学和工程的胜利。然而，如果我让同一组专家预测明天早上在星巴克站在我面前之人衬衫的颜色，他们正确的概率只相当于随机水平。他们也不会成功地预测下一届超级碗（Super Bowl）的结果，预测一年后的天气，或预测五年后他们是否会对自己的工作感到满意。就复杂系统而言，未来在很大程度上是不透明的。

以密苏里河为例。在靠近圣路易斯的河口处，它足有 500 码（约 457 米）宽，每秒向它与密西西比河的汇流处注入数千加仑的水。看着它的尽头，很容易想象密苏里河流经了很长一段距离，汇聚了大量的水资源。回想起来，很容易看出这条河非常重要。

但是，如果你去看看密苏里河的源头（我曾

经去过）它的未来并不明朗。爬到离大陆分水岭不到 100 码（约 91.4 米）的地方，我找到了它的起点，跨坐在它的源头上。在那里，壮阔的密苏里河不过是一股从比特鲁特山脉高处一个更开阔的牧场里奔涌而出的水流。它旁边的小泉源流动了几百码，最后在一个小池塘里结束。这两条小溪看起来一模一样，但一条是无名的涓涓细流，另一条则是著名的密苏里河。从未来的角度看，它们看起来是一样的——同样不引人注目。密苏里河，在它的源头看起来并不特别。

现在让我们回到白垩纪，看看我们渺小不安的、在恐龙星球上紧张跋涉的祖先们。如果没有先验知识，你会选择它们作为这个世界的赢家吗？选择它们成为一个遍布全球，主宰每一个生态系统，掌握火，发明语言、艺术、科学和工程，甚至冒险前往其他世界的物种吗？你会忽略强大的霸王龙，排除三角龙，嘲笑成群的鸭嘴龙吗？你会看着在一根空心木头里颤抖着瞪大眼睛，希望永远不会被注意到的祖先，然后想，这就是我们的祖先吗？这些生物将在海洋中航行，并利用原子在天空中战斗。这就是爱因斯坦将从这个星球的这些生物中诞生的原因。这些是将在月球上行走的生物，将会研究、命名并逐渐爱上它们所害怕的恐龙。我不这样认为。没有一只墨西哥餐厅鹦鹉是无所不知的，你永远无法预测小鼩鼱的未来。你也不会预料到恐龙会突然、灾难性地灭绝。站在大陆分水岭上，一条小溪和另一条不分轩轾。一切都是偶然的。

在小行星撞击地球的前一天，恐龙正在茁壮成长，它们已经走过了 1.65 亿年的生命旅程，为什么不再增加 6600 万年呢？如果这颗小行星错过了关键的灾难性一天，地球上灭绝恐龙和 75% 物种的那一天将会是另一番模样。这一天不过是恐龙已经享受了 630 亿天中普通的一天而已。但随着地质时间的推移，不可能的、几乎不可能的事件确实发生了。从寒武纪蠕虫般的祖先到穿西装的灵长类动物，一路上无数的岔路口把我们带到了这个特别的现实世界。但这种情况会再次发生吗？几乎是不可能的。

如果你在 1000 多个太阳系中制造 1000 多个地球，让它们运行，你总会得到不同的结果。毫无疑问，这些世界将是令人惊奇和不可思议的，但它们不会是我们的世界，也不会有我们的历史。我们原本可以拥有无数的历史，但我们只能拥有一个。而且，从人类的角度来看，我们得到了一个特别好的答案——那个引导我们前进的答案。

当然，我特别感谢这个世界上还有人类。我娶了一个（人类），除了一只猫和几条鱼，我所有的朋友都是人类。抛开人类自身的利益，如果我们能生活在一个曾经拥有而且现在仍然拥有恐龙的世界里，这该有多伟大？渐渐地，几乎每个人都对这些标志性的动物感到惊奇和好奇。

恐龙在我们的远古历史概念中是如此根深蒂

固，以至于它们超越了生物学的定义，成为我们对古代着迷的一种文化建构。它们代表着我们在回顾过去时所感受到的共同敬畏和惊奇。当腔棘鱼在 1938 年活着出现时，它被称为"恐龙鱼"。当然，这与恐龙无关，但"恐龙"这个词意味着早已消失的远古时代。1994 年，澳大利亚发现了另一种被认为自中生代就已经灭绝的瓦勒迈松，媒体称它为"恐龙树"。我怀疑是否有人真的在分类学上如此糊涂。相反，记者们用恐龙作为古代和一些被认为已经灭绝物种的代称。也许是它们的体型、它们的力量、它们的凶猛，或者它们的魅力，但是恐龙比任何其他的古代生命形式更适合成为情感和揭示古代力量的承载物。2015 年夏天，《侏罗纪世界》上映，周末票房突破了 5 亿美元，打破了单日票房纪录。这是自本杰明·沃特豪斯·霍金斯的水晶宫雕塑引领恐龙热以来最新的一部杰作。

显然，恐龙在我们的想象中引起了共鸣。从

我们人类今天所处的位置来看，它们就是我们的镜子。当我们问"为什么要研究古代历史"时，它提供了一种足以改变我们思想的观点。对我来说，这个问题的答案是：因为恐龙给了我们新的视角和谦逊。现在不过是转瞬即逝的瞬间，你还没来得及想就走了。只有过去才为我们的世界提供了背景。正是过去给了我们远见。恐龙很重要，因为未来很重要。

当我们短暂的历史建立在深厚的时代背景之上时，人类的狂妄就会动摇。当我们把人类看成是构成生命之树巨大树冠的众多物种中的一根小树枝时，自我重要性就会减弱。摇滚音乐说，我们并不是不可避免的存在，不是天定命运的进化宣言的接受者，我们只是运气好。幸运是一种很棒的感觉，但我认为它应该带来感激，而不是骄傲。

恐龙，地球上最后一个强大的统治者，在世界第五次大灭绝中死亡。它们没有预料到，也没恐龙很重要，因为未来很重要。在已灭绝的生物中，它们在这方面并不特别。每一块岩石和每一块化石都有自己的故事。它们结合在一起，讲述着我们星球的故事，是我们通往未来的路标。今天，第六次灭绝正在我们眼前展开。我们身处其中，但更糟的是，我们是造成这一切的原因。我们已经成为这个时代的撞地小行星。恐龙没有选择，而且它们对于世界的崩塌没有推波助澜。这次的情况则有所不同。我们可以预见（地球）灭绝的到来，我们确实有一个选择。有了对过去的了解，我们能否迎接挑战，确保我们的未来（安全）？

有选择。当废墟被清理干净后，我们温顺而长期受压迫的祖先从藏身之处爬了出来，准备接受恐龙的遗产：地球的下一个伟大时代。

我们现在是陆地和海洋的统治者。我们这个物种不再温顺，正在传播如此广泛、如此严重的环境灾难，它可以被称为第六次灭绝。我们正在使地球变暖，冰川融化，海平面上升。我们排放到大气中的二氧化碳与海水发生反应，使海洋酸化，杀死珊瑚礁。我们正在砍伐雨林，填满湿地，融化冻土带。我们正在用杀虫剂、重金属和有毒药品破坏环境。最近的一项研究发现，[94] 目前地球的灭绝速度是自然灭绝速度的 1000 倍。我们就是那颗小行星。值得牢记的是，在第五次大灭绝中死亡的不只是非鸟类恐龙和地球上四分之三的生命，小行星也被摧毁了。

恐龙的突然灭绝向我们表明，大自然的秩序容易受到干扰、破坏和更替。统治结束了，连那些稳定到足以持续数亿年的统治也结束了。化石记录告诉我们，我们在这个星球上的位置不仅不稳定，还可能转瞬即逝。

但我们不是恐龙。我们能看到灭绝的到来，我们可以做些什么。科幻作家拉里·尼文（Larry Niven）曾经打趣道："恐龙灭绝是因为它们没有太空计划。"[95] 他是对的。但我们也还没有做到这一点。在短期内，我们既没有能力使小行星偏离轨道，也不能全体离开地球。对我们来说，没有行星 B。正如卡尔·萨根所说，我们需要"保护和珍惜这个淡蓝色的点，我们所知的唯一家园"。

没有其他选择。面对晦暗不明的未来，我们必须坚持下去。那位不知疲倦的气候责任斗士、美国前副总统戈尔警告说，没有时间绝望，"我们必须赢得这场斗争，我们一定会战胜它；唯一的问题是我们赢得有多快。但是，气候系统每天都在遭受更多的破坏，所以这是一场与时间的赛跑。"[96]

也许恐龙的长期成功记录是乐观的理由。如果它们经历这么多变化都能坚持下来，或许我们也可以。但我们必须行动，而且必须迅速行动。我们不要成为小行星。也许我们可以像恐龙那样，成为适应时代的胜利者。

·· 致 谢

　　在此，我要感谢以下学者在我为本书搜集资料的过程中，与我分享他们的时间和知识：来自德雷塞尔大学的戴夫·戈德伯格和艾莉森·莫耶对爱因斯坦的思考；南加州大学的迈克尔·哈比卜对霸王龙功能解剖的深刻见解；得克萨斯大学奥斯汀分校的肖恩·古力克对希克苏鲁伯撞击及其后果进行的发人深省的讨论；匹兹堡卡内基自然历史博物馆的马修·拉曼娜对安祖龙的评论；以及罗文大学的哈罗德·康诺利和西南研究所的艾伦·斯特恩，他们回答了我的问题。

　　我很感激我的妻子琼和儿子拉迪亚德，在周末、晚上以及在缅因州及科罗拉多州度假时，他们一直鼓励我写这本书的部分内容。琼帮助我整理了我对这个项目的想法，并像往常一样对手稿提供了深刻的见解。

　　我要感谢 TED 组织中充满激情的人，他们努力让这个星球变得更美好、更有趣。我很感激迈克·勒曼斯基的时尚艺术作品，他以一种新颖和发人深省的方式阐述了这本书中的关键概念。

　　最后，我要感谢我的编辑米歇尔·昆特，她是一位非常善良和耐心的人，她了解我的内心在构思这本书，并鼓励我写这本书。她敏锐的叙事弧、节奏感和流畅感极大地促进了这本书的写作。

## ·· 注 释

1　《韦氏词典》在线版，查询日期：2016 年 5 月 9 日，www.mer-riam-webster.com。

2　《剑桥词典》在线版，查询日期：2016 年 5 月 9 日，www.dic-tionary.cambridge.org。

3　《牛津英语大词典》在线版，查询日期：2016 年 5 月 9 日，www.oed.com。

4　Matthew J.Dowd, "5 Takeaways from Indiana and the Path Ahead for Donald Trump and Hillary Clinton," Washington Wire (blog), *Wall Street Journal* online, last modified May 3,2016,http://blogs.wsj.com/washwire/2016/05/03/5-takeaways-from-indiana-and-the-path-ahead-for-donald-trump-and-hillary-clinton.

5　中生代 (2.52 亿年前至 6600 万年前 )，包括三叠纪、侏罗纪和白垩纪，又被称为"爬行动物时代"。参考：Geological Society of America Time Scale:Walker, J. D., J. W. Geissman, S. A. Bowring and L. E. Babcock, (Compilers), "GSA Geologic Time Scale(v.4.0)," www.geosociety.org/gsa/timescale/gts2012-commentary.aspx。

6  John Culhane, *Walt Disney's Fantasia*, reissued ed.(New York:Harry N. Abrams, 1999), 126.

7  同上，123。

8  白垩纪 (1.45 亿年前至 6600 万年前 )，属于中生代，参见地质年代表。

9  Alvarez, L. W., W. Alvarez, F. Asaro and H. V. Michel. "Extra-terrestrial cause for the Cretaceous-Tertiary extinction: Experi-ment and theory," *Science*, v.208, pp.1095–1108.

10 用法说明：在这本书中，为了便于阅读，我省略了鸟类恐龙和非鸟类恐龙这两个累赘的术语。只要可行，我使用"恐龙"这一术语表示非鸟类恐龙。而如果上下文能够明显界定的情况下，我使用"恐龙"来指代所有的恐龙，包括鸟类恐龙和非鸟类恐龙。只有在确有必要时，我才区分这两种类型。

11 Erin Wayman, "Five Early Primates You Should Know," Smithsonian.com, last modified October 31, 2012, www.smithsonianmag.com/science-nature/five-early-primates-you-should-know-102122862/#IfCf8ZSEhy504M8g.99.

12 Young, Nathan M., Terence D. Capellini, Neil T. Roach, and

Zeresenay Alemseged. "Fossil hominin shoulders support an African ape-like last common ancestor of humans and chimpanzees." *Proceedings of the National Academy of Sciences* 112, no. 38 (2015):11829–11834.

13　McDougall, Ian, Francis H. Brown and John G. Fleagle. "Stra-tigraphic placement and age of modern humans from Kibish, Ethiopia." *Nature* 433, no. 7027 (2005):733–736.

14　Gore, R., "The rise of mammals." *National geographic* 203, no. 4 (2003): 2.

15　在这里加上一个正负号，表示地质记录的不确定性。

16　San Antonio, James D., Mary H. Schweitzer, Shane T. Jensen, Raghu Kalluri, Michael Buckley, and Joseph P. R. O. Orgel. "Dinosaur peptides suggest mechanisms of protein survival." *PLOS ONE* 6, no. 6 (2011): e20381.

17　Barrowclough, George F., Joel Cracraft, John Klicka, and Robert M. Zink. "How many kinds of birds are there and why does it matter?" *PLOS ONE* 11, no. 11 (2016): e0166307.

18　侏罗纪（2.01 亿年前至 1.45 亿年前），属于中生代，参见地质年代表。

19　寒武纪（5.42 亿年前至 4.85 亿年前），分为早、中、晚三个阶段，参见地质年代表。

20　在这本书出版的过程中，一篇论文作者建议对恐龙的进化枝进行重组，将兽脚亚目恐龙的分支移到鸟臀目，并用"灭绝的爬行动物"（Ornithoscelida）取代"鸟臀目"（Ornithischia）。在撰写本文时，许多其他研究小组正在努力检验这个想法。因此，在这本书中，对这新的假设做出判断还为时过早。当然，要改变恐龙进化枝的基本结构还需要强有力的证据，而在过去的 130 年里，人们已经在广泛的范围内达成了共识。参见：Baron, M. G., D. B. Norman and P. M. Barrett. "A new hypothesis of dinosaur relationships and early dinosaur evolution." *Nature* 543, no. 7646 (2017):501–506。

21 显生宙开始于 5.41 亿年前，在显生宙之前，生物缺乏坚硬的部分，如壳、几丁质外骨骼、骨骼和牙齿。

22 Peter Tyson, "Moment of Discovery," *NOVA* online, accessed August 26, 2016, www.pbs.org/wgbh/nova/fish/letters.html.

23 这一点在尼尔·舒宾（Neil Shubin）的著作《我们的身体里有一条鱼》（*Your Inner Fish*）中得到了很好的说明（New York:Pantheon Books, 2008）。

24 太古代（40 亿年前至 25 亿年前），参见地质年代表。

25 泥盆纪（4.19 亿年前至 3.59 亿年前），属于古生代，参见地质年代表。

26 石炭纪（3.59 亿年前至 2.99 亿年前），属于古生代，参见地质年代表。

27 或者第一个哺乳动物形态，这取决于接下来的定义。

28　Adrienne Mayor, *The First Fossil Hunters:Paleontology in Greek and Roman Times* (Princeton, NJ:Princeton University Press, 2000).

29　Alan Cutler, *The Seashell on the Mountaintop:A Story of Science, Sainthood, and the Humble Genius Who Discovered a New History of the Earth* (New York:Dutton, 2003).

30　Hutton, James, "Theory of the Earth; or an Investigation of the Laws observable in the Composition, Dissolution, and Restoration of Land upon the Globe," *Earth and Environmental Science Transactions of The Royal Society of Edinburgh* 1, no. 2 (1788):209–304.

31　James Hutton, *Theory of the Earth, with Proofs and Illustrations,* 四卷本，第一卷和第二卷 (Edinburgh:William Creech, 1795)，第三和第四卷从未出版。

32　赫顿研究了很多地点。其中西卡角是最著名的，尽管他还没来得及在计划出版的第三卷中描述这个岬角就去世了。

33　赫顿，《地球理论》。

34　约翰·普莱费尔出版了一本书，简明扼要地介绍了赫顿的理论:*Illustrations of the Huttonian Theory of the Earth* (Edinburgh: William Creech; London:Cadell and Davies, 1802)。

35　罗伯特·詹姆森出版了 *Elements of Geognosy:The Wernerian Theory of the Neptunian Origin of Rocks* (Edinburgh:

Bell and Bradfute, Guthrie and Tait, and William Blackwood; London: Longman, Hurst, Rees and Orme, 1808)。乔治·居维叶根据六次大洪水发表了他自己的地球理论：《四足动物化石的研究》（巴黎，1812 年）。Robert Kerr, ( Robert Jameson 注 释 ), 2nd Ed.(Edinburgh:William Blackwood; London:T. Cadell, Strand, W. Blackwood, 1815).

36  Dennis R. Dean, *Gideon Mantell and the Discovery of Dinosaurs,* (Cambridge, UK:Cambridge University Press, 1999), 71.

37  Mantell, Gideon, "Notice on the Iguanodon, a Newly Discovered Fossil Reptile, from the Sandstone of Tilgate Forest, in Sussex," *Philosophical Transactions of the Royal Society of London* v. 115, (1825), 179–86.

38  最初，这次航行计划只绘制了南美洲海岸的地图，但后来扩展为环球航行。

39  David Quammen, *The Reluctant Mr. Darwin:An Intimate Portrait of Charles Darwin and the Making of His Theory of Evolution* (New York:W. W. Norton & Company, 2006).

40  Jack Repcheck, *The Man Who Found Time: James Hutton and the Discovery of the Earth's Antiquity.* (Cambridge, Mass.: Perseus Book Group, 2009).

41  Stoddart, D., "Darwin, Lyell, and the Geological Significance of Coral Reefs," *The British Journal for the History of Science*, 9, no. 2 (1976), 199–218.

42  Charles Darwin, *Journal of Researches into the Geology and Natural History of the Various Countries Visited by H.M.S. Beagle, Under the Command of Captain FitzRoy, R.N., from 1832 to 1836* (London:Henry Colburn, 1839), a.k.a.*Voyage of the Beagle,* January 16, 1832 entry.( 另外参见: Darwin Online: www.darwin-online.org.uk。)

43  同上 , 1832 年 1 月 16 日。

44  同上。

45  同上。

46  Edward Larson, *Evolution:The Remarkable History of a Scientific Theory,* (New York:Random House, 2004).

47  Charles Robert Darwin to William Darwin Fox, August 9–12, 1835, Darwin Correspondence Project, Cambridge University, letter number DCP-LETT-282, www.darwinproject.ac.uk/letter/DCP-LETT-282.xml.

48  Daniel C. Dennett, *Darwin's Dangerous Idea:Evolution and the Meaning of Life* (New York:Touchstone, 1995).

49  Repcheck, *The Man Who Found Time.*

50  Dennis R. Dean, *Gideon Mantell.*

51  Valerie Appleby, "Ladies with Hammers," *New Scientist* 84, no. 1183 (November 29, 1979):714.

52  Hugh S. Torrens, "Politics and Paleontology:Richard Owen and the Invention of Dinosaurs," chap.2 in *The Complete Dinosaur*, ed. Michael K. Brett-Surman, Thomas R. Holtz,

and James O. Farlow (Bloomington:Indiana University Press, 2012), 25–44.

53  欧文对恐龙的骨学定义不再有效，现代的定义依赖于一个不同的、扩展的字符表。然而，他认为恐龙代表了一个独特的分支，而斑龙、禽龙和林龙是其合法成员，在这些方面他是正确的。

54  Richard Owen, *Report on British Fossil Reptiles, Part II, in the Report of the British Association for the Advancement of Science for 1841* (London:Richard and John E. Taylor, 1841).

55  参考：illustration of *Megalosaurus* from Richard Owen, illustra-ted by Benjamin Waterhouse Hawkins, *Geology and Inhabitants of the ancient World*, vol. 8.Crystal Palace Library, (London:Bradbury and Evans, 1854), 20。

56  斑龙来自侏罗纪时期，而禽龙和林龙生活在白垩纪。

57  Soraya de Chadarevian and Nick Hopwood, eds., *Models: The Third Dimension of Science* (Stanford, CA: Stanford University Press, 2004).

58  William B. Gallagher, *When Dinosaurs Roamed New Jersey* (New Brunswick, NJ: Rutgers University Press, 1997).

59  同上。

60  "August 21st," *Proceedings of the Academy of Natural Sciences of Philadelphia* 18 (1866):275–79, www.jstor.org/stable/4059697.

61 除了鸟类，其他恐龙都不会飞。中生代既能飞行又能爬行的动物是翼龙，翼龙与恐龙关系密切，但不是恐龙。

62 所有的非鸟类恐龙都生活在陆地上。然而，有证据表明，如果有必要，它们可以像大多数动物一样游泳。有一种非鸟类恐龙——棘龙，被认为是两栖的。许多鸟类，如企鹅、海雀和鸬鹚，都是游泳高手。

63 Brendan Maher, "The Theatre:Bringing the Past to Life," *Nature* 449, no. 7161 (September 27, 2007):395–96.

64 Stevens, K. A., "Binocular Vision in Theropod Dinosaurs," *Journal of Vertebrate Paleontology* 26, no. 2 (June 2006): 321–30.

65 Richard A. Lovett, "T. Rex, Other Big Dinosaurs Could Swim, New Evidence Suggests," *National Geographic News*, last modified May 29, 2007, http://news.nationalgeographic.com/news/2007/05/070529-dino-swim.html.

66 Garm, A. and D. E. Nilsson, "Visual Navigation in Starfish:First Evidence for the Use of Vision and Eyes in Starfish," *Proce-edings of the Royal Society B:Biological Sciences* 281, no. 1777 (February 22, 2014).

67 "表型"是指一个有机体可观察到的性状的总和，它是由基因型与环境的相互作用产生的，而基因型本身只是指可遗传的特性。

68 M. Damian, R. Softley, and E. J. Warrant, "The Energetic

Costof Vision and the Evolution of Eyeless Mexican Cavefish," *Science Advances* 1, no. 8 (September 11, 2015): doi:10.11 26/sciadv.1500363.

69　Brian Switek, "Stop Making Fun of Tyrannosaurs' Tiny Arms," Smithsonian.com, last modified March 31, 2016, www.smithsonianmag.com/science-nature/stop-making-fun-tyrannosaurs-tiny-arms-180958615.

70　Switek, "Stop Making Fun."

71　Marge Piercy, *Circles on the Water:Selected Poems of Marge Piercy* (New York:Knopf, 1982).

72　Kenneth Chang, "A Lost-and-Found Nomad Helps Solve the Mystery of a Swimming Dinosaur," *New York Times* online, September 11, 2014, www.nytimes.com/2014/09/12/science/a-nomads-find-helps-solve-the-mystery-of-the-spinosaurus.html.

73　同上。

74　Christine Dell'Amore, "New 'Chicken from Hell' Dinosaur Discovered," *National Geographic* online, last modified March 19, 2014, http://news.nationalgeographic.com/news/2014/03/140319-dinosaurs-feathers-animals-science-new-species; Lamanna, M. C., H-D. Sues, E. R. Schachner, and T. R. Lyson, "A new large-bodied oviraptorosaurian theropod dinosaur from the latest Cretaceous of western North America," *PLOS ONE* 9, no. 3 (2014): e92022.

75  Koschowitz, M-C., C. Fischer, and M. Sander, "Evolution: Beyond the Rainbow," *Science* 346, no. 6208 (October 24, 2014):416–18.

76  Arbour, V. M., "Estimating impact forces of tail club strikes by ankylosaurid dinosaurs." *PLOS ONE* 4, no. 8 (2009): e6738.

77  Fiorillo, A. R., S. T. Hasiotis, and Y. Kobayashi, "Herd structure in Late Cretaceous polar dinosaurs:A remarkable new dinosaur tracksite, Denali National Park, Alaska, USA," *Geology* 42, no. 8 (2014):719–722.

78  Schweitzer, M. H., W. Zheng, C. L. Organ, R. Avci, Z. Suo, L. M. Freimark, V. S. Lebleu et al., "Biomolecular characterization and protein sequences of the Campanian hadrosaur B. Canadensis," *Science* 324, no. 5927 (2009):626–631; Tweet, J., K. Chin, and A. A. Ekdale, "Trace fossils of possible parasites inside the gut contents of a hadrosaurid dinosaur, Upper Cretaceous Judith River Formation, Montana," *Journal of Paleontology* 90, no. 2 (2016):279–287.

79  Briggs, D. E. G., "The role of decay and mineralization in the preservation of soft-bodied fossils," *Annual Review of Earth and Planetary Sciences* 31, no. 1 (2003):275–301.

80  LeBlanc, `A. R. H., R. R. Reisz, D.C. Evans and A. M. Bailleul, "Ontogeny Reveals Function and Evolution of the

Hadrosaurid Dinosaur Dental Battery," *BMC Evolutionary Biology*, 2016, doi:10.1186/s12862-016-0721-1.

81  Elaine Smith, "With 300 Teeth, Duck-Billed Dinosaurs Would Have Been Dentist' s Dream," Phys.org, last modified August 16, 2016, http://phys.org/news/2016-08-teeth-duck-billed-dinosaurs-dentist.html.

82  Nabavizadeh, A., "Hadrosauroid Jaw Mechanics and the Functional Significance of the Predentary Bone," *Journal of Vertebrate Paleontology* 31 (January 2014):467–82.

83  Lacovara, K. J., M. C. Lamanna, L. M. Ibiricu, J. C. Poole, E. R. Schroeter, P. V. Ullmann, K. K. Voegele et al., "A gigantic, exceptionally complete titanosaurian sauropod dinosaur from southern Patagonia, Argentina," *Scientific Reports* 4 (2014):6196.

84  Tschopp, E., O. Mateus, and R. B. J Benson, "A specimen-level phylogenetic analysis and taxonomic revision of Diplodocidae (Dinosauria, Sauropoda)," *PeerJ* 3 (2015): e857.

85  巨型蜥脚类动物的头部很少为人所知，也很少被发现，所以我们没有把它们计算在内。

86  Nick Longrich, "Why Were There So Many Dinosaur Species?," Phys.org, last modified December 13, 2016, https://phys.org/news/2016-12-dinosaur-species.html.

87  Richards, M. A., W. Alvarez, S. Self, L. Karlstrom, P. R.

Renne, M. Manga, C. J. Sprain, J. Smit, L. Vanderkluysen, and S. A. Gibson, "Triggering of the largest Deccan eruptions by the Chicxulub impact," *Geological Society of America Bulletin* 127, no. 11–12 (2015):1507–1520.

88  Wolf, E. T., and O. B. Toon, "Delayed Onset of Runaway and Moist Greenhouse Climates for Earth," *Geophysical Research Letters* 41, no. 1 (January 16, 2014):167–72.

89  Carl Sagan, *Pale Blue Dot:A Vision of the Human Future in Space* (New York:Random House, 1994).

90  The timing of events in this section is based on calculations using the Earth Impact Effects Program, by Robert Marcus, H. Jay Melosh, and Gareth Collins, accessed December 7, 2016, http://impact.ese.ic.ac.uk/ImpactEffects/.

91  Longrich, N. R., J. Sciberras, and M. Wills, "Severe Extinction and Rapid Recovery of Mammals Across the Cretaceous-Palaeogene Boundary, and the Effects of Rarity on Patterns of Extinction and Recovery," *Journal of Evolutionary Biology* 29, no. 8 (2016):1495–1512.

92  Robertson, D. S., M. C. McKenna, O. B. Toon, S. Hope, and J. A. Lillegraven, "Survival in the first hours of the Cenozoic," *Geological Society of America Bulletin* 116, no. 5–6 (2004):760–768.

93  更新世（260 万年前至 11700 年前），有时被称为 "冰河时代"。参见地质年代表。

94    Pimm, S. L., C. N. Jenkins, R. Abell, T. M. Brooks, J. L. Gittleman, L. N. Joppa, P. H. Raven, C. M. Roberts, and J. O. Sexton, "The biodiversity of species and their rates of extinction, distribution, and protection," *Science* 344, no. 6187 (2014):1246752.

95    As quoted by Arthur C. Clarke in Andrew Chaikin, "Meeting of the Minds:Buzz Aldrin Visits Arthur C. Clarke," *Space Illustrated*, February 27, 2001.

96    Oliver Milman, "Al Gore:Climate Change Threat Leaves 'No Time to Despair' over Trump Victory," *Guardian* (US), website of the *Guardian* (UK), last modified December 5, 2016, www.theguardian.com/us-news/2016/dec/05/al-gore-climate-change-threat-leaves-no-time-to-despair-over-trump-victory.